JN171980

例題でよくわかる

はじめての オペレーションズ・リサーチ

加藤 豊・加藤 理 共著

森北出版株式会社

●本書のサポート情報を当社 Web サイトに掲載する場合があります.
下記の URL にアクセスし，サポートの案内をご覧ください.

http://www.morikita.co.jp/support/

●本書の内容に関するご質問は，森北出版 出版部「(書名を明記)」係宛に書面にて，もしくは下記の e-mail アドレスまでお願いします．なお，電話でのご質問には応じかねますので，あらかじめご了承ください.

editor@morikita.co.jp

●本書により得られた情報の使用から生じるいかなる損害についても，当社および本書の著者は責任を負わないものとします.

はじめに

オペレーションズ・リサーチ (OR) は，さまざまな社会システムにおいて合理的な意思決定の科学的方法を与える学問です．本書は，OR を広く現実の問題に適用しようと思う社会人や，OR をはじめて学ぶ人のために書かれた入門書です．

社会システムが複雑になるにつれ，合理的な意思決定への科学的アプローチの必要性が増大しています．そのような状況のもとで，OR の定義「定量的な常識」を実感させる手法 AHP（analytic hierarchy process，ゲーム感覚意思決定法）が Saaty により 1970 年代に提案されました．AHP は，さまざまな状況下での意思決定に広く適用可能な手法なので，本書の 2 章でいろいろな現実への適用を通して解説しています．本書では，AHP を含む OR のいろいろな手法を選び，身近な例題を解くことで，手法の基本的な考え方と使い方を丁寧に解説します．執筆にあたって，下記の 3 点に配慮しました．

① 多くの人に理解していただくために，必要な数学的知識は少なくしました．

② 身近な問題を選び，問題を定式化するプロセスを明解に説明し，その解法の意味を丁寧に解説することで，手法の本質を理解していただき，もう少し複雑な問題にもアプローチできるようにします．

③ 新しい試みとして，OR 近傍の領域の問題にアプローチします．今回は，産業・組織心理学の領域の問題を扱っています．

OR は，定量的な常識を導き出す学問，すなわち社会に受け入れられる解を与える学問です．読者は，例題の意味を自分の言葉で表現し，自分の観点で問題を理解し，その解を求める手順の本質を多くの例題から理解し，その他の身近な問題に適用していただきたいです．これらの経験を通して，読者が OR の有効性を理解されることを望みます．

OR の本は数多く出版されていますが，今回新たに OR の手法として親しまれているいくつかの話題を，読者が自分の手で解きその後もう少し発展した問題へのアプローチを可能にする本を出版することにしました．この考えに対して，御理解をいただいた森北出版株式会社の出版部の方々，特に上村紗帆さんには大変お世話になりました．ここに記して感謝の意を表します．

2018 年 1 月　　　　著　　者

目 次

1章 序論 —— オペレーションズ・リサーチと社会の関係

オペレーションズ・リサーチ (operations research) は，日本語に直訳すると作戦研究ですが，この名前の由来は，第 2 次世界大戦時におけるアメリカの軍事的作戦研究に端を発しているといわれています．一般には略して OR とよばれることも多くあります．本章では，OR の概要や本書の構成について述べます．

1.1 OR の定義と本書の構成

OR は，さまざまな社会システムを対象とし，合理的な意思決定の科学的方法を与える学問とされています．OR の定義としては「定量的常識」が有名です．この定義と歴史によれば，時間をかけて問題の新しい解析方法を開発することができる自然科学とは異なり，OR では新しい理論の構築を待つ余裕がない場合も多く，不完全であっても現実を可能なかぎり改善できる解ならば，採用しなければなりません．

OR は，現実社会のさまざまな問題に適用できます．以下では，本書で扱う OR の手法と社会とのつながりを見てみましょう．

- あいまいな状況下で意思決定をしなければならないとき，いくつかある代替案の中からどの代替案を選択したらよいかを判断するという場合は多くあります．1970 年代に T. L. Saaty により開発された **AHP**（analytic hierarchy process，**階層化意思決定法**または**ゲーム感覚意思決定法**）は，そのような判断に適用できる数理的手法です．本書では，2 章で AHP を解説していますが，AHP の有名な適用例としては，従業員の人事評価の問題，1996 年のペルー日本大使人質事件における人質救出案の選択問題や企業の本社移転先決定問題などがあります．
- 現実問題では，なんらかの制約条件のもとで利益を最大にしたい場合があります．たとえば近年，物流が重要な問題になっていますが，端的にいうと，物流とは品物をどう管理し，どう輸送するかということです．できるだけ安く輸送する方法を求めることを「**輸送問題**」とよび，その問題には 3 章の**線形計画法**を適用することができます．また，5 章では，品物をどう合理的に管理するかという観点で，**在庫管理**を解説しています．

- 銀行の ATM など，行列に並んで待つことは多々あります．この待ち時間を 3 分以内にするには，ATM を何台設置すればよいかといった問題は，4 章の**待ち行列モデル**で扱っています．
- OR は，経営における科学的管理法とよばれる考え方を，企業その他いろいろな組織の運営に適用しようという学問であるといわれています．OR が経営に科学を持ち込む理由としては，経営を考えるときには，社会的な現象あるいはそのもとになる人間（個人または集団）の行動の説明・予測が重要であるからです．それゆえ，経営に科学的方法が導入されたのです．

たとえば，企業業績の高まりは，従業員の意識や満足度の高まりや企業施策・方針の組織への浸透で説明できるでしょうか．このような問題は，6 章の**回帰分析**を用いて検討することができます．また，社会において重要な経済データの将来予測にも，回帰分析が適用できます．

- 社会生活において，いたるところに争いとか競合の問題が起こります．企業間の場合では競争です．同種企業間の競争によって，品質の向上，価格の低下などが起こり，消費者に役立つことが多くあります．7 章では**ゲームの理論**を扱っていますが，ゲームの理論の起源は，企業間の自由競争という経済現象での競合問題です．ゲームの理論の主たる問題は，競合の立場にある人間とか企業が，どのような意思決定をするのがよいかを判断することです．
- 金銭的な重要な決定も，社会生活においてよく遭遇する問題です．たとえば，マイホームを買いたいと思っている新婚のカップルは，銀行の金利は固定でないほうが多いので，これから 30 年間の自分たちの収入でどのくらいの価格の家が買えるかを考えます．その際，8 章の**金利計算**の知識があれば，より合理的な判断をすることができます．マイホームの案が複数になれば，2 章の AHP の活用も検討することになります．

1.2 OR の歴史

OR は，第 2 次世界大戦時におけるアメリカの軍事的作戦研究から始まった学問です．第 2 次世界大戦の初期に，人間の事業に関連したオペレーションに取り組むために科学的方法が適用され，科学的な専門知識を軍事に利用するために，多くの科学者のチームが編成され，この種の活動が OR として知られるようになりました．

第 2 次世界大戦以前にも，OR の重要な分野の基礎となる研究があります．F. W. Taylor（テイラー）は，1885 年頃に最小の疲労で最大の材料を運べるシャベル 1 杯分の重量を決定するために実験を行い，普通に行われているのに比べて著しく軽いものの，1日を通してはもっとも効果的な重量を決定しました．

1909年に，A. K. Erlang（アーラン）は，電話交換の理論の数学的分析の論文を発表しましたが，これは4章で扱っている待ち行列理論の出発点として有名です．

1916年に，F. W. Lanchester（ランチェスター）は，軍事戦略の問題の定量的分析を試み，現在ランチェスターの2次法則またはN^2法則といわれている法則を発表しました．この2次法則は，ORのはじまりとしてその意義が高く評価されています．トラファルガルの海戦は，ネルソン提督がひきいるイギリス海軍の27隻とフランス－スペイン連合軍の33隻とが戦って，イギリス海軍の圧勝で終わった海戦です．ランチェスターは，海戦に先立って発表されたネルソン提督の作戦計画のメモから，イギリス海軍圧勝の要因は，ランチェスターの2次法則であることを発見したのです．

第2次世界大戦が終結したとき，アメリカではORを企業の計画に導入しようとする産業界の機運が熟していました．そして，多くの企業がコストを下げ，生産を増強し，その製品を迅速に消費者の手に渡すために，ORを活用しました．

その後，ORは，一時期局所的に理論の厳密性のみを追求しすぎていたこともありましたが，社会システムが複雑になり，かつ現実の進歩の速度が速くなるにつれて，OR初期の精神に立ちもどる傾向が出てきました．その一つに，本書の2章で解説するAHPがあります．

また，合理的な意思決定の科学的方法は，社会システムが複雑になるにつれ，その必要性が増大しています．一方，数値計算の方法の発達にともない，ORによる問題解決の技術的可能性も高まっています．ORの問題は，その問題だけが孤立して存在しているというよりも，他の多くの問題と複雑に絡み合っている場合が多いので，ORの重要性とOR近傍の学問との交流の可能性がますます認識されるようになっています．特に，認知科学と社会心理学との連係が重要です．よって，社会では文理融合の流れが大きくなってきています．

2章
AHP ―― どの案がよいかを決定する

現実では，あいまいな状況下で意思決定をしなければならない場面が多く存在します．また，合理的な意思決定への科学的アプローチは，社会システムが複雑になるにつれ，その必要性が増大しています．このような社会状況のもとで，オペレーションズ・リサーチ (OR) の有名な定義「定量的常識」を実感させる手法――AHP（analytic hierarchy process，**階層化意思決定法，ゲーム感覚意思決定法**）――が 1970 年代に，T. L. Saaty により開発されました．AHP はさまざまな状況下での意思決定に適用可能で，統計学の TQC（全社的品質管理）と同様に社会に広く受け入れられうる頑強性のある手法です．

AHP では，直観による質的情報から定量的な情報を導き出すのに一対比較を行います．この一対比較値を行列表示したものを一対比較行列といい，この行列の各行の調和平均はウエイトの最小 2 乗推定量であるので，本章では調和平均を用いて AHP の手順を解説します．くわしくは本書の付録でも解説しています．

2.1 階層化

まず，車の選択の問題を通して，**AHP** の手順を解説します．

今野さんは，どの車を購入するかで悩んでいます．検討している車の特徴は，表 2.1 に示してあります．

表 2.1　検討している車の特徴

種類	安全性		値段	燃費	デザイン	
	エアバッグ	4WD			カラーバリエーション	スタイル
F 車	ついている	なし	170 万円	15 km/L	好みの色なし	よい
A 車	ついている	なし	230 万円	10 km/L	好みの色あり	よい
P 車	ついている	フルタイム 4WD	320 万円	6 km/L	好みの色なし	普通

今野さんは，車を選ぶときの評価基準として，安全性・値段・燃費・デザインが重要であると考えています．表 2.1 より，F 車は値段と燃費で優れています．A 車はデザインが気に入っている車で，P 車は安全性に優れていますが，値段と燃費で他車より劣っています．さて，今野さんはどの車を選ぶでしょうか．

意思決定にはまず「問題」があり，その選択の対象となるいくつかの「**代替案**」があります．そして，代替案の中からどれを選択するかを判断するためのいくつかの「**評価基準**」があります．ある評価基準のもとでは，ある代替案が優れていて，別の評価基準のもとでは別の代替案が優れているので，意思決定の問題が起きます．これを図で表示すると，図 2.1 のようになります．これを**階層的構造（階層図）**といい，AHP ではこの構造が基本となります．

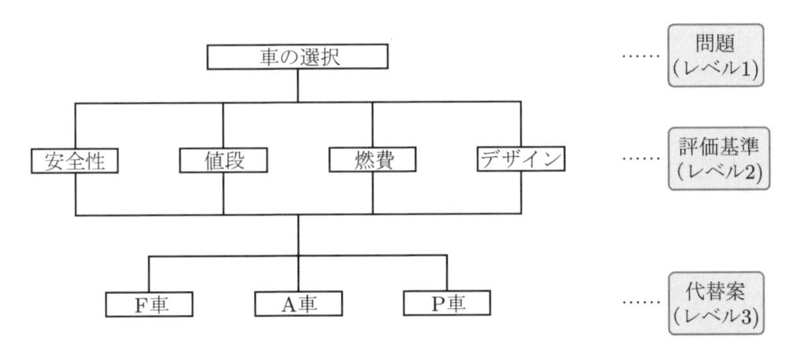

図 2.1　階層図

表 2.1 より，今野さんが「安全性」を他の評価項目よりきわめて重要であると考えれば，今野さんは P 車を選択します．また，「デザイン」が他の項目に比べて圧倒的に重要であると考えれば，A 車を選択するでしょう．それでは，今野さんが考えている評価項目の重要度（ウエイト）はどのくらいでしょうか．AHP では，重要度を推定するために**一対比較**を行います．

2.2　一対比較

階層図ができたら，レベル 2 の評価項目の重要度（ウエイト）を推定するために，各項目間で「一対比較」を行います．この一対比較値に今野さんの価値観が反映されます．一対比較するときに，表 2.2 を参考にします．

今野さんは「安全性」と「値段」の一対比較で，安全性の高さのほうが値段の安さよりも重要であると考えたので，表 2.3 の「安全性」と「値段」の交点のマスに「5」を代入します．

つぎに，「安全性」と「燃費」では，近年いろいろな観点から低燃費の重要性が認識されているので，今野さんは燃費のよさのほうが安全性の装備より若干重要と考えて，「安全性」と「燃費」の交点のマスには「1/3」を記入します（これは表 2.2 のいちば

表 2.2 一対比較値

一対比較値	意味
1	両方の項目が同じくらい重要
3	前の項目が後の項目より若干重要
5	前の項目が後の項目より重要
7	前の項目が後の項目よりかなり重要
9	前の項目が後の項目より絶対的に重要
2, 4, 6, 8	補間的に用いる
上記の数値の逆数	後の項目から前の項目を見た場合に用いる

表 2.3 一対比較行列の求め方 (1)

→	安全性	値段	燃費	デザイン
安全性		5		
値段				
燃費				
デザイン				

表 2.4 一対比較行列の求め方 (2)

→	安全性	値段	燃費	デザイン
安全性	1	5	1/3	
値段	1/5			
燃費	3			
デザイン				

ん下の欄に対応し，後の項目「燃費」が前の項目「安全性」より「若干重要」となります）．同様の考え方から，「燃費」と「安全性」の交点のマスには「3」を記入します（表 2.4 を見てください）．

当然，「安全性」と「安全性」の交点には「1」が入り，「値段」と「安全性」の交点には「1/5」を記入します．これは「安全性」と「値段」の交点に「5」を記入したので，表 2.2 のいちばん下の欄に対応し，対称な場所には逆数を記入すればよいからです．同様にして，すべての項目間ごとに一対比較を行った結果，表 2.5 を得ました．これを評価項目間の**一対比較行列**といい，記号 $A = (a_{ij})$ で表現します．

一対比較行列の特徴として，対称な場所には逆数が入るので，

$$a_{ji} = \frac{1}{a_{ij}}$$

なる性質があります．この性質を**逆数性**といいます．それゆえ，一対比較行列を**逆数正行列**という人もいます．

表 2.5 一対比較行列

→	安全性	値段	燃費	デザイン
安全性	1	5	1/3	3
値段	1/5	1	1/5	1/3
燃費	3	5	1	7
デザイン	1/3	3	1/7	1

2.3 重要度（ウエイト）の決め方

いま求めた一対比較行列から，「安全性」「値段」「燃費」と「デザイン」の重要度（ウエイト）を，各行の**調和平均**を用いて推定しましょう．

データ $x_1, x_2, \ldots, x_n$（これらはすべて正数とします）が与えられたとき，調和平均 (harmonic mean) は

$$H = \left(\frac{1}{n} \sum_{i=1}^{n} x_i^{-1} \right)^{-1} = \frac{n}{\displaystyle\sum_{i=1}^{n} \frac{1}{x_i}}$$

で与えられます．「安全性」「値段」「燃費」と「デザイン」のウエイトをそれぞれ w_1, w_2, w_3, w_4 とすると，ウエイトは下記の手順で求められます．ただし，$w_1 + w_2 + w_3 + w_4 = 1$ とします．

Step1：項目数を各行の要素の逆数の和で割ると，各行の調和平均が求められます．

Step2：四つの調和平均の和を計算し，その和で各調和平均を割ると，それぞれのウエイトが求められます．

この結果，表 2.6 が得られ，今野さんは「燃費」に 61%，「安全性」に 23%，「デザイン」に 9%，そして「値段に」7%の重要度をおいて車の選択をしていることになります．すなわち，燃費のよい車を選びたいのですが，その一方で安全性も気になっていることがわかります．そのことが選択を難しくしているので，AHP を用いて選択しようとしているのです．

表 2.6　ウエイトの計算手順

$\longrightarrow$	安全性	値段	燃費	デザイン	調和平均	ウエイト
安全性	1	5	1/3	3	$\dfrac{4}{1+1/5+3+1/3} = 0.882$	$\dfrac{0.882}{3.907} = 0.226$
値段	1/5	1	1/5	1/3	$\dfrac{4}{5+1+5+3} = 0.286$	$\dfrac{0.286}{3.907} = 0.073$
燃費	3	5	1	7	$\dfrac{4}{1/3+1/5+1+1/7} = 2.386$	$\dfrac{2.386}{3.907} = 0.611$
デザイン	1/3	3	1/7	1	$\dfrac{4}{3+1/3+7+1} = 0.353$	$\dfrac{0.353}{3.907} = 0.090$
					和 $= 3.907$	

2.4 ウエイトの総合化

前節で，今野さんは「燃費」に 61%，「安全性」に 23%，「デザイン」に 9%，そして

「値段」に7%の重要度をおいて車の選択しようとしていることを確認しました．本節では，各評価項目ごとにどの車が優れているかの比較を行い，それらの結果を総合化して最終的に今野さんにとってどの車が好ましいかを判断します．

はじめに，評価項目「安全性」にのみ着目してF車，A車，P車間の一対比較を行い，その一対比較行列の各行の調和平均を用いて，F車，A車，P車のウエイト（安全性の観点から見た各車の好ましさ）を求めます．表2.1の各車の特徴を参考にして，一対比較を行います．F車とA車は同じくらい重要であるので，F車とA車の交点のマスには「1」を記入し，P車はF車に比べてかなり重要であるので，表2.2のいちばん下の欄に対応して，F車とP車の交点のマスには「1/7」を記入します．ゆえに，P車とF車の交点のマスには「7」を記入します．その結果，表2.7を得ます．

表2.7 安全性のもとでの代替案のウエイト

安全性	F車	A車	P車	調和平均	ウエイト
F車	1	1	1/7	$\dfrac{3}{1+1+7}=0.333$	$\dfrac{0.333}{2.999}=0.111$
A車	1	1	1/7	$\dfrac{3}{1+1+7}=0.333$	$\dfrac{0.333}{2.999}=0.111$
P車	7	7	1	$\dfrac{3}{1/7+1/7+1}=2.333$	$\dfrac{2.333}{2.999}=0.778$
				和 $=2.999$	

同様にして，表2.1を参考にして，「値段」「燃費」「デザイン」のもとで各車間の一対比較を行い，各車のウエイトを求めると，表2.8〜2.10を得ます．

表2.8の「値段」の一対比較を見てみましょう．F車は170万円でP車は320万円です．その比は約1対2であるのでF車とP車の交点のマスに「2」を記入するのではなく，今野さんにとって170万円が320万円に対してどの程度好ましいかという判断をマスに記入するのです．今野さんは「7」と記入しているので，320万円より170万円のほうが「かなり重要」と判断しています．もし，「値段」にはほとんど関心のな

表2.8 値段のもとでの代替案のウエイト

値段	F車	A車	P車	調和平均	ウエイト
F車	1	3	7	$\dfrac{3}{1+1/3+1/7}=2.032$	$\dfrac{2.032}{2.977}=0.683$
A車	1/3	1	5	$\dfrac{3}{3+1+1/5}=0.714$	$\dfrac{0.714}{2.977}=0.240$
P車	1/7	1/5	1	$\dfrac{3}{7+5+1}=0.231$	$\dfrac{0.231}{2.977}=0.078$
				和 $=2.977$	

表 2.9 燃費のもとでの代替案のウエイト

燃費	F 車	A 車	P 車	調和平均	ウエイト
F 車	1	5	9	$\dfrac{3}{1+1/5+1/9}=2.288$	$\dfrac{2.288}{2.972}=0.770$
A 車	1/5	1	5	$\dfrac{3}{5+1+1/5}=0.484$	$\dfrac{0.484}{2.972}=0.163$
P 車	1/9	1/5	1	$\dfrac{3}{9+5+1}=0.200$	$\dfrac{0.200}{2.972}=0.067$
				和 $=2.972$	

表 2.10 デザインのもとでの代替案のウエイト

デザイン	F 車	A 車	P 車	調和平均	ウエイト
F 車	1	1/5	3	$\dfrac{3}{1+5+1/3}=0.474$	$\dfrac{0.474}{2.981}=0.159$
A 車	5	1	7	$\dfrac{3}{1/5+1+1/7}=2.234$	$\dfrac{2.234}{2.981}=0.749$
P 車	1/3	1/7	1	$\dfrac{3}{3+7+1}=0.273$	$\dfrac{0.273}{2.981}=0.092$
				和 $=2.981$	

い人であれば（こういう人は評価項目に「値段」自体を入れませんが），F 車と P 車の交点には「1」を代入するし，逆にどうしても安い車のほうが好ましい人ならば，「9」を記入します．

各車の評価項目ごとのウエイトを表にまとめると，表 2.11 となります．

表 2.11 評価項目ごとの代替案のウエイト

評価項目 →	安全性	値段	燃費	デザイン
ウエイト →	0.226	0.073	0.611	0.090
F 車	0.111	0.683	0.770	0.159
A 車	0.111	0.240	0.163	0.749
P 車	0.778	0.078	0.067	0.092

各車の評価項目ごとのウエイトに，評価項目のウエイトを掛けて，その行和を求めると，各車の総合得点が表 2.12 のように求められます．

表 2.12 より，F 車の総合得点は 0.559 で，P 車と A 車の総合得点は 0.231, 0.210 であるので，今野さんにとってもっとも好ましい車は F 車です．

表 2.12 の総合得点は，各一対比較行列から調和平均を用いて求めた項目のウエイトを総合化して求めました．参考文献 [1] のように，調和平均のほかに，最大値，最小値と幾何平均を用いて総合得点を求めてもかまいません．その結果を表 2.13 に示します（一般平均で総合得点を求める方法は付録の A.1 節参照）．

表 2.12　総合得点

	安全性 0.226	値段 0.073	燃費 0.611	デザイン 0.090	総合得点
F 車	0.111×0.226 $= 0.025$	0.683×0.073 0.050	0.770×0.611 0.470	0.159×0.090 0.014	0.559
A 車	0.111×0.226 0.025	0.240×0.073 0.018	0.163×0.611 0.100	0.749×0.090 0.067	0.210
P 車	0.778×0.226 0.176	0.078×0.073 0.006	0.067×0.611 0.041	0.092×0.090 0.008	0.231

表 2.13　さまざまな平均法による総合得点

代替案＼平均法	最大値	幾何平均	調和平均	最小値
F 車	0.383	0.504	0.559	0.572
A 車	0.325	0.242	0.210	0.203
P 車	0.295	0.252	0.231	0.227

もし，今野さんが AHP の手順を一対比較行列の各行の最大値を用いて実行していれば，今野さんは自信をもって F 車を選択することができるでしょうか．

2.5 整合性と整合度

AHP 理論の信頼性を保証するために，評価項目「安全性」「値段」「燃費」と「デザイン」の項目間の一対比較値を行列表示した表 2.5 の一対比較行列を検証します．

「安全性」と「値段」の一対比較値は $a_{12} = 5$ で，「安全性」と「デザイン」の一対比較値は $a_{14} = 3$ で，かつ「デザイン」と「値段」の一対比較値は $a_{42} = 3$ です．この関係を図に示すと，図 2.2 を得ます．

図からわかるように，「安全性」と「値段」の一対比較値は

$$a_{12} = 5$$

ですが，「安全性」と「値段」の一対比較値を項目「デザイン」を経由して求めると，

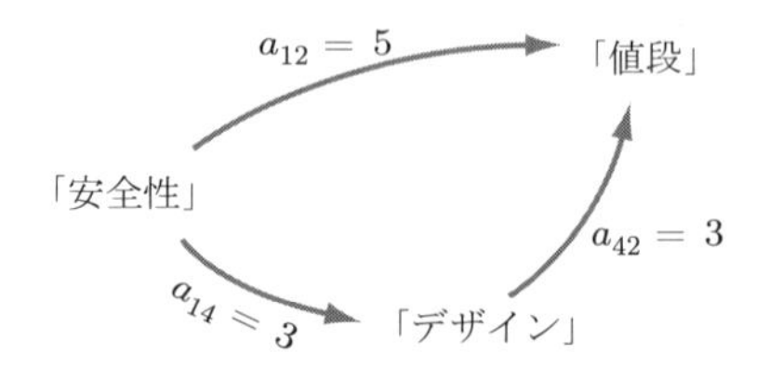

図 2.2　整合性の検証

$$a_{14}a_{42} = 3 \times 3 = 9$$

となります．したがって，

$$5 = a_{12} \neq a_{14}a_{42} = 3 \times 3 = 9 \tag{2.1}$$

となり，直感的にはつじつまが合わないように思えます．

一般に，n 個の評価基準 $c_1, c_2, \ldots, c_n$ 間の一対比較を行い，それを行列表示したものを

$$A = (a_{ij}) = \begin{pmatrix} a_{11} & a_{12} & \cdots & a_{1n} \\ a_{21} & a_{22} & \cdots & a_{2n} \\ \vdots & \vdots & \ddots & \vdots \\ a_{n1} & a_{n2} & \cdots & a_{nn} \end{pmatrix}$$

とおきます．AHP では，逆数性 $a_{ji} = 1/a_{ij}$ を仮定しているので，一対比較は $n(n-1)/2$ 回行うことになります．このとき，一対比較値の間に

$$a_{ij} = a_{ik}a_{kj} \tag{2.2}$$

がすべての i, j, k について成立することが要求されます．これを一対比較行列の**整合性** (consistency) といいます．式 (2.1) より，表 2.5 で与えられる一対比較行列は整合性を満たしていません．

式 (2.1) は，AHP を実行した人が一対比較を適当に行っているからではありません．AHP の開発者の Saaty は，一対比較値として 1, 3, 5, 7, 9 とその逆数を用いることを提案しています．それゆえ，AHP を実行した人が頭の中できちんと一対比較しても，1, 3, 5, 7, 9 とその逆数を用いてしか一対比較値を表現できないからです．たとえば，前述の式 (2.1) において

$$a_{12} = 5.29, \quad a_{14} = 2.3, \quad a_{42} = 2.3$$

とすれば，$2.3 \times 2.3 = 5.29$ であるので

$$a_{12} = a_{14}a_{42}$$

が成立します．ゆえに，一対比較値として離散値を用いるかぎり，いつでも整合性が成立することは保証されません．

一対比較行列が整合性を満たさないのが普通であるとしたら，AHP 理論の信頼性は保証されません．そこで，Saaty は，整合性のずれを AHP としてどの程度まで許容するかを判断する不変量として，一対比較行列の**整合度**（consistency index，略して

C.I. と書きます）を提案しています．本節では，Saaty が提案した整合度より計算が簡単である，一対比較行列の各行の調和平均を用いた整合度 C.I.H. を用います（くわしくは，参考文献 [1] の 5 章を見てください）．

整合度 C.I.H. は，多変量解析の寄与率（決定係数）と関連づけて

$$\text{C.I.H.} = \frac{\text{項目数}}{\text{各行の調和平均の和}} - 1 \tag{2.3}$$

で提案されています．C.I.H. = 0 ならば，一対比較行列は整合性を満たしています．そして，一対比較行列が

$$\text{C.I.H.} \leqq 0.07 \tag{2.4}$$

を満たしていれば，求められたウエイトは統計的に信頼できるウエイトであるといわれています．

つぎに，表 2.6～2.10 の一対比較行列の整合度 C.I.H. を計算してみましょう．各行の調和平均の和は，ウエイトを求めるときに計算しているので，この 5 個の一対比較行列の C.I.H. は順に以下のとおりです．

$$\text{C.I.H.} = \frac{4}{3.907} - 1 = 0.024, \quad \text{C.I.H.} = \frac{3}{2.999} - 1 = 0.000,$$
$$\text{C.I.H.} = \frac{3}{2.977} - 1 = 0.008, \quad \text{C.I.H.} = \frac{3}{2.972} - 1 = 0.009,$$
$$\text{C.I.H.} = \frac{3}{2.981} - 1 = 0.006$$

以上から，今野さんが用いた 5 個の一対比較行列は，式 (2.4) を満たしているので，今野さんが求めた各車の総合得点は，統計的に信頼できる値です．

今野さんの問題をいろいろな平均法を用いて求めた総合得点を表 2.13 で与えましたが，もし 5 個の一対比較行列がすべて

$$\text{C.I.H.} = 0 \tag{2.5}$$

を満たしていれば，表 2.13 の総合得点は，どの平均法を用いても同じ値になります．今野さんの場合には，5 個のうち 1 個のみが式 (2.5) を満たしているだけなので，用いる平均法によって総合得点が違ってきます．

2.6 応用例

いままで，車の選択の問題を通して，AHP の基本概念を学んできました．しかし，「安全性」といってもいろいろな基準があるので，表 2.1 に忠実な階層図を作成し，車

の選択の問題を解いてみましょう．図 2.3 は図 2.1 より複雑ですが，いままでに学んだことを繰り返し用いれば，F 車，A 車，P 車の総合得点を求めることができます．図 2.1 の場合と違う点は，「安全性」と「デザイン」に関して，F 車，A 車，P 車のウエイトを求めることが少し複雑になるだけです．

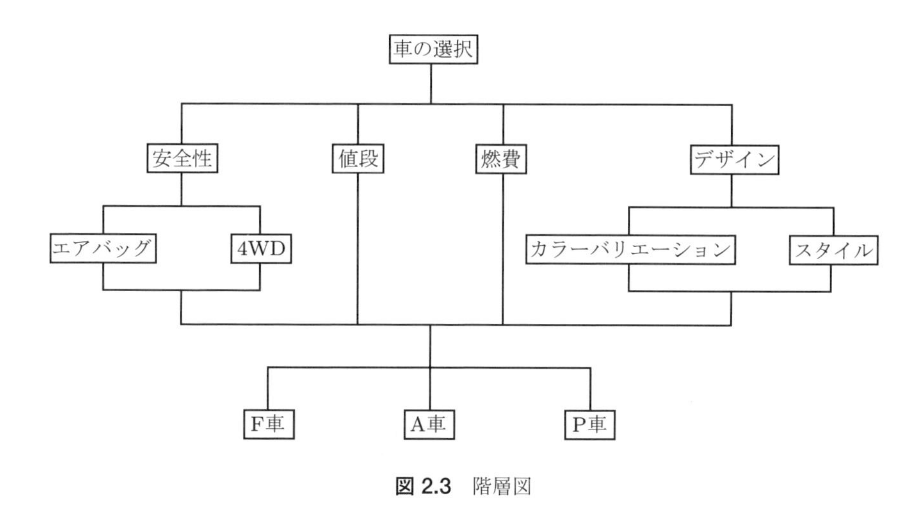

図 2.3 階層図

「安全性」に関して，F 車，A 車，P 車のウエイトを計算するには，図 2.4 の階層図のもとで，前節までと同様に実行します．

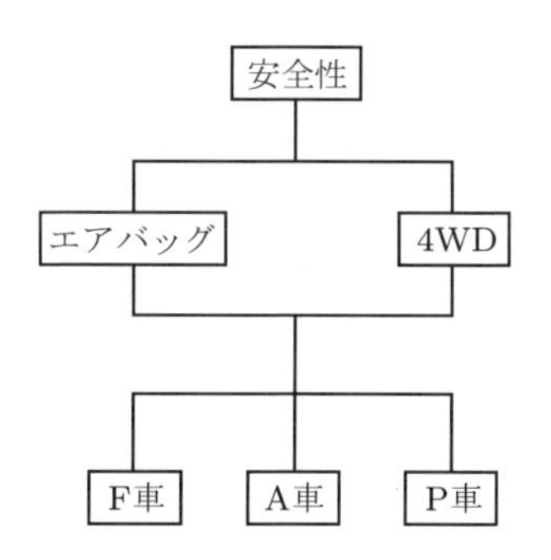

図 2.4 安全性に着目した階層図

まず，「安全性」の評価基準「エアバッグ」，「4WD」について一対比較を行い，それぞれのウエイトを求めましょう．結果は表 2.14 のようになります．

つぎに，「エアバッグ」と「4WD」に関する各車の評価を行うと，表 2.15，2.16 のようになります．

表 2.14～2.16 を用いて，ウエイトの総合化を行えば，「安全性」のもとでの各車の

表 2.14 安全性に関する評価項目のウエイトの計算

$\curvearrowright$	エアバッグ	4WD	調和平均	ウエイト
エアバッグ	1	5	$\dfrac{2}{1+1/5}=1.667$	$\dfrac{1.667}{2}=0.834$
4WD	1/5	1	$\dfrac{2}{5+1}=0.333$	$\dfrac{0.333}{2}=0.167$
			和 $=2.000$	

表 2.15 エアバッグのもとでの代替案のウエイト

エアバッグ	F 車	A 車	P 車	調和平均	ウエイト
F 車	1	1	1/5	$\dfrac{3}{1+1+5}=0.429$	$\dfrac{0.429}{3.001}=0.143$
A 車	1	1	1/5	$\dfrac{3}{1+1+5}=0.429$	$\dfrac{0.429}{3.001}=0.143$
P 車	5	5	1	$\dfrac{3}{1/5+1/5+1}=2.143$	$\dfrac{2.143}{3.001}=0.714$
				和 $=3.001$	

表 2.16 4WD のもとでの代替案のウエイト

4WD	F 車	A 車	P 車	調和平均	ウエイト
F 車	1	1	1/7	$\dfrac{3}{1+1+7}=0.333$	$\dfrac{0.333}{2.999}=0.111$
A 車	1	1	1/7	$\dfrac{3}{1+1+7}=0.333$	$\dfrac{0.333}{2.999}=0.111$
P 車	7	7	1	$\dfrac{3}{1/7+1/7+1}=2.333$	$\dfrac{2.333}{2.999}=0.778$
				和 $=2.999$	

表 2.17 安全性のもとでのウエイトの総合評価

安全性	エアバッグ 0.834	4WD 0.167	総合得点
F 車	0.143×0.834 $=0.119$	0.111×0.167 0.019	0.138
A 車	0.143×0.834 0.119	0.111×0.167 0.019	0.138
P 車	0.714×0.834 0.595	0.778×0.167 0.130	0.725

ウエイトが表 2.17 のように求められます.

同様にして,「デザイン」についても評価を行います.「デザイン」の評価基準は,「カラーバリエーション」と「スタイル」であるので, 図 2.5 の階層図に従って総合評価を行い,「デザイン」のもとでの各車のウエイトを求めます.

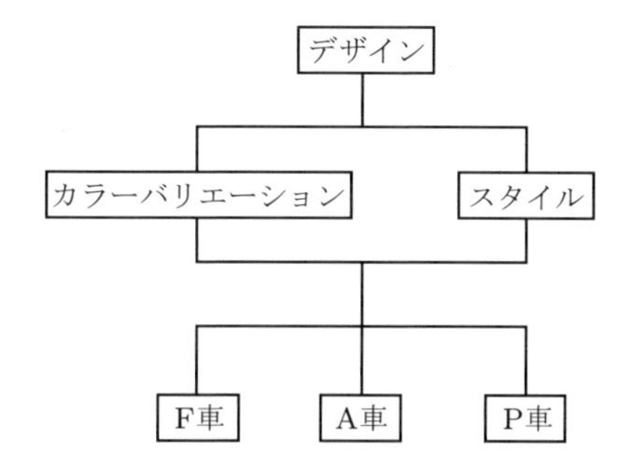

図 2.5 デザインに着目した階層図

まず,「カラーバリエーション」と「スタイル」について一対比較を行い，それぞれのウエイトを求めると，表 2.18 のようになります.

表 2.18 デザインに関する評価項目のウエイトの計算

→	カラーバリエーション	スタイル	調和平均	ウエイト
カラーバリエーション	1	5	$\dfrac{2}{1+1/5}=1.667$	$\dfrac{1.667}{2}=0.834$
スタイル	1/5	1	$\dfrac{2}{5+1}=0.333$	$\dfrac{0.333}{2}=0.167$
			和 = 2.000	

つぎに,「カラーバリエーション」と「スタイル」のもとで各車の評価を行うと，表 2.19, 2.20 のようになります.

表 2.18〜2.20 を用いて,「デザイン」のもとでの各車のウエイトを求めると，表 2.21 のようになります.

以上より，各車の評価項目ごとのウエイトが求められたので，各車の総合得点は，表 2.6, 2.17, 2.8, 2.9 と 2.21 より，表 2.22 のように求めることができます.

以上のように，階層図を複雑にして，よりくわしい一対比較を行っても，総合得点

表 2.19 カラーバリエーションのもとでの代替案のウエイト

カラーバリエーション	F 車	A 車	P 車	調和平均	ウエイト
F 車	1	1/7	1	$\dfrac{3}{1+7+1}=0.333$	$\dfrac{0.333}{2.996}=0.111$
A 車	7	1	5	$\dfrac{3}{1/7+1+1/5}=2.234$	$\dfrac{2.234}{2.996}=0.746$
P 車	1	1/5	1	$\dfrac{3}{1+5+1}=0.429$	$\dfrac{0.429}{2.996}=0.143$
				和 = 2.996	

表 2.20 スタイルのもとでの代替案のウエイト

スタイル	F 車	A 車	P 車	調和平均	ウエイト
F 車	1	1/5	5	$\dfrac{3}{1+5+1/5}=0.484$	$\dfrac{0.484}{2.972}=0.163$
A 車	5	1	9	$\dfrac{3}{1/5+1+1/9}=2.288$	$\dfrac{2.288}{2.972}=0.770$
P 車	1/5	1/9	1	$\dfrac{3}{5+9+1}=0.200$	$\dfrac{0.200}{2.972}=0.067$
				和 $=2.972$	

表 2.21 デザインのもとでのウエイトの総合評価

デザイン	カラーバリエーション 0.834	スタイル 0.167	総合得点
F 車	0.111×0.834 $=0.093$	0.163×0.167 0.027	0.120
A 車	0.746×0.834 0.622	0.770×0.167 0.129	0.751
P 車	0.143×0.834 0.119	0.067×0.167 0.011	0.130

表 2.22 総合得点

	安全性 0.226	値段 0.073	燃費 0.611	デザイン 0.090	総合得点
F 車	0.138×0.226 $=0.031$	0.683×0.073 0.050	0.770×0.611 0.470	0.120×0.090 0.011	0.562
A 車	0.138×0.226 0.031	0.240×0.073 0.018	0.163×0.611 0.100	0.751×0.090 0.068	0.217
P 車	0.725×0.226 0.164	0.078×0.073 0.006	0.067×0.611 0.041	0.130×0.090 0.012	0.223

の求め方は，2.4 節で実施した総合化を複数回繰り返し実行すればよいことがわかりました．また，今回の AHP の解析でも，総合得点の結果から，今野さんにとってもっとも好ましい車は F 車です．

2.7 幾何平均による AHP

ここまでは，調和平均を用いて総合得点を求めましたが，AHP の提案者である Saaty は**幾何平均**を用いているので，この節では，身近な問題を幾何平均による AHP で解析します．

例題 2.1 勝俣君は家族旅行を計画している．いま検討している案は表 2.23 で与えられている．値段は 1 人あたりの料金である．

表 2.23 検討プラン

プラン	場所	値段	交通手段	宿泊環境	食事
A	北海道	120 000 円 (5 泊 6 日)	船	バス・トイレ付 洋室・温水プール カラオケルーム	毛ガニ・ ウニ・トロ・ エビ
B	箱根	40 000 円 (1 泊 2 日)	電車	バス・トイレ付 和室・露天風呂 カラオケルーム	高級懐石 料理
C	沖縄	57 000 円 (2 泊 3 日)	飛行機	バス・トイレ付 洋室・テニスコート カラオケルーム	フランス料理

勝俣君は AHP でどの案にするかを決定することとした．さて，どの案がよいか．

解答 まず，図 2.6 のような階層図を作成します．家族の中で交通手段はあまり重要でないと判断できたので，評価項目の中に入れないことにしました．

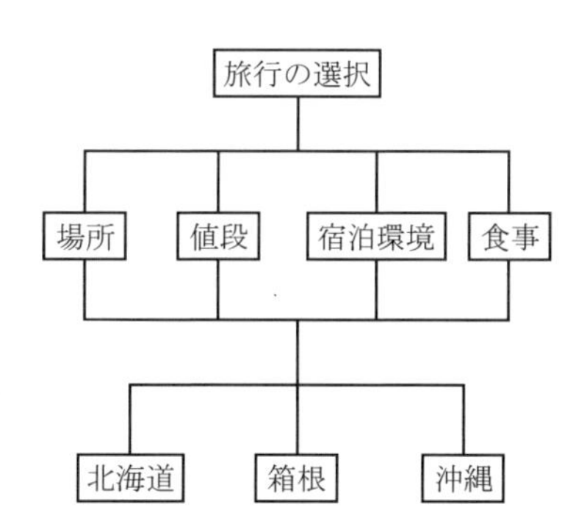

図 2.6 階層図

まず，評価項目間の一対比較を行い，その一対比較行列から幾何平均を用いて，各項目の重要度（ウエイト）を求めると，表 2.24 のようになります．ここで，データ $x_1, x_2, \ldots, x_n$（これらはすべて正とします）が与えられたとき，**幾何平均** (geometric mean) は

$$G = \sqrt[n]{x_1 \times x_2 \times \cdots \times x_n} = \sqrt[n]{\prod_{i=1}^{n} x_i}$$

で与えられます．表 2.24 より勝俣家では，「場所」と「食事」を重要と考え，それに「宿泊環境」に少し気を遣いながら旅行先を決めようとしています．

表 2.24 評価項目のウエイト

⟶	場所	値段	宿泊環境	食事	幾何平均	ウエイト
場所	1	5	3	1	$\sqrt[4]{1 \times 5 \times 3 \times 1} = 1.968$	$\dfrac{1.968}{5.036} = 0.391$
値段	1/5	1	1/3	1/5	$\sqrt[4]{\dfrac{1}{5} \times 1 \times \dfrac{1}{3} \times \dfrac{1}{5}} = 0.340$	$\dfrac{0.340}{5.036} = 0.067$
宿泊環境	1/3	3	1	1/3	$\sqrt[4]{\dfrac{1}{3} \times 3 \times 1 \times \dfrac{1}{3}} = 0.760$	$\dfrac{0.760}{5.036} = 0.151$
食事	1	5	3	1	$\sqrt[4]{1 \times 5 \times 3 \times 1} = 1.968$	$\dfrac{1.968}{5.036} = 0.391$
					和 $= 5.036$	

つぎに，各評価項目のもとでA案，B案，C案を一対比較し，各評価項目のもとでの三つの案の重要度（ウエイト）を求めると，表2.25～2.28のようになります．以上の表2.24～2.28より，A案，B案，C案の総合得点が表2.29のように求められます．よって，勝俣君はB案を選び，家族で箱根に旅行し，高級懐石料理を食すことになりました．AHPでの結果から考えると，家族の話し合いでは結論が出なかったため，勝俣君はAHPを利用したのだと考えられます．

表 2.25 場所のもとでの代替案のウエイト

場所	A	B	C	幾何平均	ウエイト
A	1	5	1	$\sqrt[3]{1 \times 5 \times 1} = 1.710$	$\dfrac{1.710}{3.762} = 0.455$
B	1/5	1	1/5	$\sqrt[3]{\dfrac{1}{5} \times 1 \times \dfrac{1}{5}} = 0.342$	$\dfrac{0.342}{3.762} = 0.091$
C	1	5	1	$\sqrt[3]{1 \times 5 \times 1} = 1.710$	$\dfrac{1.710}{3.762} = 0.455$
				和 $= 3.762$	

表 2.26 値段のもとでの代替案のウエイト

値段	A	B	C	幾何平均	ウエイト
A	1	1/5	1/5	$\sqrt[3]{1 \times \dfrac{1}{5} \times \dfrac{1}{5}} = 0.342$	$\dfrac{0.342}{4.266} = 0.080$
B	5	1	1/5	$\sqrt[3]{5 \times 1 \times \dfrac{1}{5}} = 1.000$	$\dfrac{1.000}{4.266} = 0.234$
C	5	5	1	$\sqrt[3]{5 \times 5 \times 1} = 2.924$	$\dfrac{2.924}{4.266} = 0.685$
				和 $= 4.266$	

表 2.27 宿泊環境のもとでの代替案のウエイト

宿泊環境	A	B	C	幾何平均	ウエイト
A	1	1/7	1/5	$\sqrt[3]{1 \times \frac{1}{7} \times \frac{1}{5}} = 0.306$	$\frac{0.306}{4.251} = 0.072$
B	7	1	3	$\sqrt[3]{7 \times 1 \times 3} = 2.759$	$\frac{2.759}{4.251} = 0.649$
C	5	1/3	1	$\sqrt[3]{5 \times \frac{1}{3} \times 1} = 1.186$	$\frac{1.186}{4.251} = 0.279$
				和 $= 4.251$	

表 2.28 食事のもとでの代替案のウエイト

食事	A	B	C	幾何平均	ウエイト
A	1	1/3	5	$\sqrt[3]{1 \times \frac{1}{3} \times 5} = 1.186$	$\frac{1.186}{3.671} = 0.323$
B	3	1	3	$\sqrt[3]{3 \times 1 \times 3} = 2.080$	$\frac{2.080}{3.671} = 0.567$
C	1/5	1/3	1	$\sqrt[3]{\frac{1}{5} \times \frac{1}{3} \times 1} = 0.405$	$\frac{0.405}{3.671} = 0.110$
				和 $= 3.671$	

表 2.29 総合得点

評価基準 / ウエイト / プラン	場所 0.391	値段 0.067	宿泊環境 0.151	食事 0.391	総合得点
A	0.455×0.391 $= 0.178$	0.080×0.067 0.005	0.072×0.151 0.011	0.323×0.391 0.126	0.320
B	0.091×0.391 0.036	0.234×0.067 0.016	0.649×0.151 0.098	0.567×0.391 0.222	0.372
C	0.455×0.391 0.178	0.685×0.067 0.046	0.279×0.151 0.042	0.110×0.391 0.043	0.309

■

例題 2.1 の最初の一対比較行列の整合度 C.I.H. を計算してみましょう．表 2.30 より，評価項目間の一対比較行列の整合度 C.I.H. は

$$\text{C.I.H.} = \frac{4}{3.989} - 1 = 0.0028$$

であり，0.07 以下であるので，表 2.24 で与えられた評価項目のウエイトは信頼できる値です．残りの表 2.25～2.28 で与えられる一対比較行列に対しても，同様の方法で C.I.H. を計算すれば，AHP の結果は信頼できることがわかります．

表 2.30 整合度 C.I.H. のために

$\curvearrowright$	場所	値段	宿泊環境	食事	調和平均
場所	1	5	3	1	$\dfrac{4}{1+1/5+1/3+1}=1.579$
値段	1/5	1	1/3	1/5	$\dfrac{4}{5+1+3+5}=0.286$
宿泊環境	1/3	3	1	1/3	$\dfrac{4}{3+1/3+1+3}=0.545$
食事	1	5	3	1	$\dfrac{4}{1+1/5+1/3+1}=1.579$

和 $= 3.989$

演習問題 2章

2.1 表 2.6 で与えられる一対比較行列から，各行の最小値を用いてウエイトを推定せよ．

2.2 表 2.12 で，調和平均による AHP で総合得点を求めているが，この問題を最小値を用いて総合得点を求めよ．

2.3 2.6 節で調和平均を用いて解いた問題を最小値を用いて総合得点を求めよ．

2.4 表 2.25～2.28 で与えられている一対比較行列の整合度 C.I.H. を計算せよ．

2.5 例題 2.1 を調和平均による AHP で最適な案を決定せよ．

3章 線形計画法 —— 利益を最大，費用を最小にするには

ある制約条件のもとで，最適な計画を立案しなければならない問題に直面することがあります．この種の問題を解く手法で，広く現実の問題に適用されているものが線形計画法（linear programming，略して LP と書きます）です．

3.1 線形計画問題とシンプレックス法

3.1.1 線形計画問題

実際の問題を通して，線形計画法を解説し，それを実行する**シンプレックス法（単体法）**の手順を説明します．

[基本問題 3.1] 森口食品では，原料 I, II を用いて，製品 A, B を製造している．製品 A を 1 単位つくるには，原料 I が 15 単位，原料 II が 10 単位必要である．また，製品 B を 1 単位つくるには，原料 I が 11 単位，原料 II が 14 単位必要である．いま，森口食品で利用できるのは，原料 I が 1650 単位，原料 II が 1400 単位までで，それ以上は利用不可能である．製品 A, B の 1 単位あたりの利益高は，それぞれ 5 万円，4 万円である．以上の条件のもとで，利益高を最大にする生産計画を求めよ．

〈解説〉 この問題の条件を表示すると，表 3.1 になります．この表から，基本問題 3.1 を式で表現します．製品 A, B の生産量をそれぞれ x_1 単位，x_2 単位とすると，森口食品の利益高は

$$(5x_1 + 4x_2)\text{ 万円}$$

となります．この式を，問題の**目的関数** (objective function) とよびます．つぎに，森

表 3.1 問題の構成条件

原料 ＼ 製品	A	B	利用可能量
I	15	11	1650
II	10	14	1400
製品 1 単位あたりの利益	5 万円	4 万円	

口食品で立てることが可能な生産計画が満たす条件式（これを**制約条件** (constraints) といいます）を求めます．製品 A を x_1 単位，製品 B を x_2 単位生産すると，原料 I は $15x_1 + 11x_2$，原料 II は $10x_1 + 14x_2$ だけ必要であり，森口食品の現在の規模は表 3.1 の利用可能量に示してあるので，森口食品での可能な生産計画 (x_1, x_2) は，

$$15x_1 + 11x_2 \leqq 1650$$

$$10x_1 + 14x_2 \leqq 1400$$

を満たす必要があります．ゆえに，基本問題 3.1 を定式化すると，

$$\text{制約条件：} \begin{aligned} 15x_1 + 11x_2 &\leqq 1650 \\ 10x_1 + 14x_2 &\leqq 1400 \end{aligned} \tag{3.1}$$

$$x_1 \geqq 0, x_2 \geqq 0 \tag{3.2}$$

を満たす生産計画 (x_1, x_2) の中で

$$\text{目的関数：} 5x_1 + 4x_2 \tag{3.3}$$

を最大にする生産計画 (x_1, x_2) を求める問題となります．このように，線形の（ax_1+bx_2 の形で表される）制約条件のもとで，線形の目的関数を最大（または最小）にする問題を**線形計画問題** (linear programming problem) といいます．また，線形計画問題を解く手法を**線形計画法** (linear programming，略して LP と書きます) といいます．

基本問題 3.1 を図に示し，その解を図より求めてみます．まず，制約条件 (3.1), (3.2) を平面上に示します．式 (3.2)（これを**非負条件** (non-negative condition) といいます）から，第 1 象限のみを考えればよく，図 3.1 の四角形 OABC の内部（境界も含めます）が，式 (3.1), (3.2) を満たす解集合であり，この領域を**許容域** (feasible region) といいます．

図 3.1 の四角形 OABC の内部の点 (x_1, x_2) が森口食品で可能な生産計画を表現していて，これがこの問題の許容域です．たとえば，点 B に対応する生産計画は，連立方程式

$$15x_1 + 11x_2 = 1650$$

$$10x_1 + 14x_2 = 1400$$

の解として求められ，$(x_1, x_2) = (77, 45)$ であるので，製品 A を 77 単位，製品 B を 45 単位を生産することです．

(x_1, x_2) が許容域（四角形 OABC の内部）を動くときに，目的関数

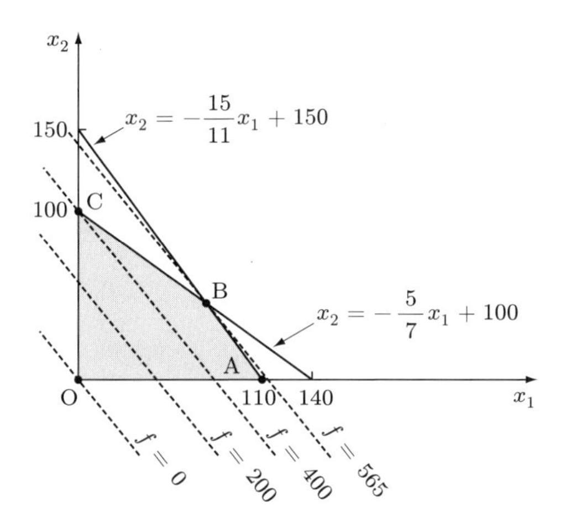

図 3.1　基本問題 3.1 の許容域

$$f(x_1, x_2) = 5x_1 + 4x_2$$

の値はどのように変化するでしょうか．これを知るために，目的関数 $f(x_1, x_2)$ の等高線（たとえば，$f = 20$ の等高線とは，$f(x_1, x_2) = 20$ を満たす点の軌跡です）を図 3.1 に描き込んでみます．図 3.1 に $f = 0$, 200, 400, 565 の等高線（破線グラフ）を表現します．

$f(x_1, x_2) = 5x_1 + 4x_2 = k$ の等高線は直線で，k を大きくすると傾きはいつも同じで，右上の方向に平行移動し，許容域 OABC を離れる最後の点が B です．そして，点 B の座標は $(x_1, x_2) = (77, 45)$ で，この点を通る等高線は $f = 565$ です．ゆえに，森口食品は製品 A を 77 単位，製品 B を 45 単位生産すれば，利益が最大となり，そのときの利益高は 565 万円です．□

基本問題 3.1 は，変数が 2 個であるので図による解法は可能であり，この問題の**最適解**（optimal solution，許容域の中で目的関数を最大にする点）を見つけることができましたが，一般に変数が 4 個以上になれば，図による解法は不可能になります．しかし，単純な演算を数回繰り返すことによって，最適解を求めることが可能になる手法が存在します．この方法は，シンプレックス法（simplex methods，単体法）とよばれていて，この節の後半でくわしく解説します．そのために，図 3.1 をもう少しくわしく眺めてみます．

図 3.1 からわかるように，許容域の中で目的関数 $f(x_1, x_2) = 5x_1 + 4x_2$ を最大にする点が求める最適解ですが，最適解を求めるには，許容域の四つの端点 O, A, B, C をシステマティックに求め，どの端点で目的関数が最大になるかを判定することが重要

です．これを実行するのがシンプレックス法です．そのために，制約条件式 (3.1) に非負の変数を導入して，不等式を等式に変形し，それから端点を求めます．それを，図を見ながらくわしく解説します．

原料 I, II の未使用量をそれぞれ x_3, x_4 として，制約条件の中にある不等式を等式に変形します．すなわち，未使用量 x_3, x_4 を用いると，式 (3.1), (3.2) は

$$\begin{aligned} 15x_1 + 11x_2 + x_3 \qquad &= 1650 \\ 10x_1 + 14x_2 \qquad + x_4 &= 1400 \end{aligned} \tag{3.4}$$

$$x_1 \geqq 0, \quad x_2 \geqq 0, \quad x_3 \geqq 0, \quad x_4 \geqq 0 \tag{3.5}$$

となります．一般に，制約条件の不等式を等式に変形するために導入される非負の変数を**スラック変数** (slack variable) とよびます．x_1, x_2 の値が決まれば，自動的にスラック変数 x_3, x_4 の値も決まるので，式 (3.4), (3.5) の解も図 3.1 の上に表現できます．

式 (3.4) の解は無数に存在しますが，この解の中でつぎのような解にのみ着目します．式 (3.4) は変数が 4 個で，式の数は 2 本であるので，4 個の変数の中から 2 個の変数を取り出し，それを 0 とおけば，式 (3.4) の解は一意に求められます．このような解を，式 (3.4) の**基底解** (basic solution) といいます．そして，基底解が非負条件 (3.5) を満たしていれば**実行基底解**とよび，非負条件を満たしていなければ**非実行基底解**といいます．さらに，0 とおいた 2 個の変数を**非基底変数**といい，残りの 2 個の変数を**基底変数**といいます．

図 3.2 には 4 本の直線がありますが，それらは $x_1 = 0$, $x_2 = 0$, $x_3 = 0$, $x_4 = 0$ を表現している直線であり，そのうちの 2 本の直線の交点は O, A, B, C, D, E の 6 点です．この 6 点が式 (3.4) の基底解であり，そのうちの O, A, B, C の 4 点が実行基底解であり，残りの D, E の 2 点が非実行基底解です．点 D は $x_3 = 0$ を示す直線の外側になるので，変数 x_3 の値が負です．同様にして，点 E は $x_4 = 0$ の直線の外側にあるので，変数 x_4 の値は負です．

ゆえに，この問題の最適解を求めるには，四つの実行基底解を与える点 O, A, B, C を求めればよいです．つぎに，実行基底解をシステマティックに求める方法を解説します．

(a) もっとも求めやすい実行基底解：式 (3.4) は

$$\begin{aligned} 15x_1 + 11x_2 + x_3 \qquad &= 1650 \\ 10x_1 + 14x_2 \qquad + x_4 &= 1400 \end{aligned}$$

であるので，x_1, x_2 を非基底変数として 0 とおくと，実行基底解 $(x_1, x_2, x_3, x_4) =$

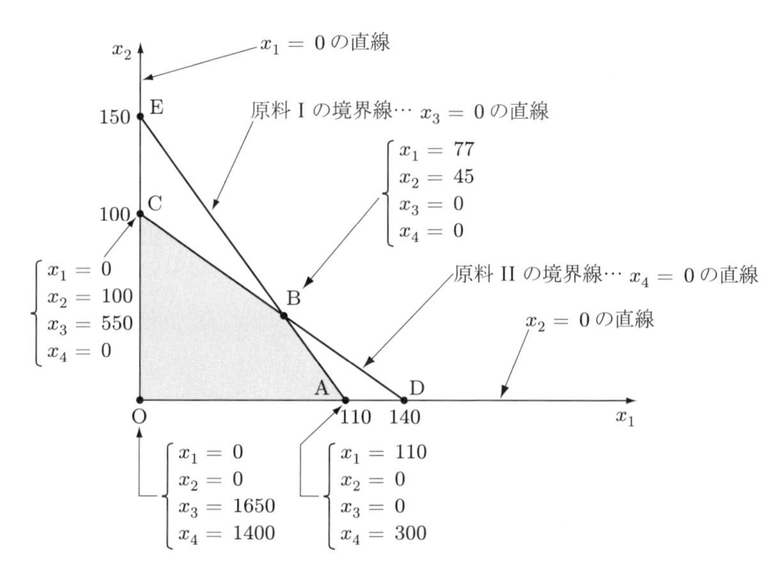

図 3.2 基本問題 3.1 の基底解

$(0, 0, 1650, 1400)$ が求められ，これが点 O に対応しています．

(b) (a) で求めた実行基底解の隣の実行基底解：これを求めるために，式 (3.4) の x_1 の係数 15 を 1 に，係数 10 を 0 にする演算を施します（これを**ピボット演算**といいます）．すなわち，式 (3.4) の最初の式の両辺を 15 で割り，つぎにこの式の 10 倍を式 (3.4) の 2 番目の式から引きます．すると，

$$\begin{aligned} x_1 + \frac{11}{15}x_2 + \frac{1}{15}x_3 \qquad &= 110 \\ \left(14 - \frac{22}{3}\right)x_2 - \frac{10}{15}x_3 + x_4 &= 300 \end{aligned}$$

であり，これを整理すると

$$\left.\begin{aligned} x_1 + \frac{11}{15}x_2 + \frac{1}{15}x_3 \qquad &= 110 \\ \frac{20}{3}x_2 - \frac{2}{3}x_3 + x_4 &= 300 \end{aligned}\right\} \tag{3.4$'$}$$

を得ます．よって，x_2, x_3 を非基底変数として 0 とおくと，実行基底解 $(x_1, x_2, x_3, x_4) = (110, 0, 0, 300)$ が求められ，これが点 A に対応しています．

(c) (b) で求めた実行基底解の隣の実行基底解：これを求めるために，式 $(3.4)'$ の 2 番目の式の x_2 の係数 $20/3$ を 1 にし，最初の式の x_2 の係数 $11/15$ を 0 にする演算を実行します．すなわち，式 $(3.4)'$ の 2 番目の式の両辺に $3/20$ を掛け，この式を $11/15$

倍したものを式 $(3.4)'$ の最初の式から引きます．すると，

$$\begin{aligned} x_1 \quad & + \left(\frac{1}{15} + \frac{11}{150}\right) x_3 - \frac{11}{100} x_4 = 77 \\ x_2 - & \quad \frac{1}{10} x_3 + \frac{3}{20} x_4 = 45 \end{aligned}$$

であるので，整理すると

$$\begin{aligned} x_1 \quad & + \frac{7}{50} x_3 - \frac{11}{100} x_4 = 77 \\ x_2 & - \frac{1}{10} x_3 + \frac{3}{20} x_4 = 45 \end{aligned} \qquad (3.4)''$$

を得ます．よって，x_3, x_4 を非基底変数として 0 とおくと，実行基底解 $(x_1, x_2, x_3, x_4) = (77, 45, 0, 0)$ が求められ，これが点 B に対応しています．同様にして，点 C に対応する実行基底解を求めることもできます．

線形計画問題において，最適解を求めるとき許容域全体を調べる必要がなく，許容域の端点（基本問題 3.1 では，図 3.2 の四つの点 O, A, B, C）における目的関数の値を比較すればよいです．いま示したように，許容域の端点は制約条件の実行基底解であり，それを求めるにはピボット演算を実行すればよいことがわかりました．以上のことをシステマティックに実行するのがシンプレックス法（単体法）です．

3.1.2 シンプレックス法

シンプレックス法（単体法）の手順を説明します．

Step0-1　問題を定式化する：製品 A を x_1 単位，製品 B を x_2 単位生産すると，基本問題 3.1 はつぎのように定式化されます．

$$\begin{aligned} \text{制約条件：} & 15x_1 + 11x_2 \leqq 1650 \\ & 10x_1 + 14x_2 \leqq 1400 \\ & x_1 \geqq 0, \quad x_2 \geqq 0 \end{aligned}$$

を満たす解 (x_1, x_2) の中で

$$\text{目的関数：} f(x_1, x_2) = 5x_1 + 4x_2$$

を最大にする解 (x_1, x_2) を求めます．

Step0-2　制約条件の中の不等式を等式に変える：新しい非負の変数（この問題では，原料の使い残し量）を導入して，不等式を等式に変えます．ここで導入した非負の変数を**スラック変数**といいます．基本問題 3.1 では，x_3, x_4 をそれぞれ原料 I,

II の使い残し量とすると，

$$
\begin{aligned}
\text{制約条件：}\ & 15x_1 + 11x_2 + x_3 = 1650 \\
& 10x_1 + 14x_2 + x_4 = 1400 \\
& x_1 \geqq 0, \quad x_2 \geqq 0, \quad x_3 \geqq 0, \quad x_4 \geqq 0
\end{aligned} \tag{3.6}
$$

となります．この制約条件式 (3.6) の係数行列の中に，2×2 の単位行列が含まれていれば，つぎのステップに進みます．そうでなければ，後に示す罰金法を参照します．この問題の係数行列は

$$
A = \begin{pmatrix} 15 & 11 & 1 & 0 \\ 10 & 14 & 0 & 1 \end{pmatrix}
$$

であるので，2×2 の単位行列は含まれています．

Step0-3　最初の実行基底解を求める：単位行列 $\begin{pmatrix} 1 & 0 \\ 0 & 1 \end{pmatrix}$ に対応する変数 x_3, x_4 を基底変数とし，それ以外の変数 x_1, x_2 を非基底変数として 0 とおくと，実行基底解 $(x_1, x_2, x_3, x_4) = (0, 0, 1650, 1400)$ を得ます．

Step1　現在の実行基底解が改良できるかどうかを評価する：もし，改良できなければ，現在の実行基底解が最適解であり，これでシンプレックス法は終了します．もし，改良できるならば，つぎの Step2 に移ります．

非基底変数を入れ替えると別の実行基底解が求められるので，現在の実行基底解が改良できるかどうかを評価するには，現在の非基底変数の値を増加させたときに，目的関数の値が増加するかどうかを調べればよいです．

現在の実行基底解は点 O の $(x_1, x_2, x_3, x_4) = (0, 0, 1650, 1400)$ です．いま，x_2 を非基底変数にしたままで（すなわち，$x_2 = 0$ のままで），非基底変数 x_1 の値を 1 単位増加させると，すなわち，図 3.3 において点 O から点 F に移動すると，式 (3.6) より x_3 の値は 15 減少し，x_4 の値は 10 減少するので，点 F は $(x_1, x_2, x_3, x_4) = (1, 0, 1635, 1390)$ となります．さらに，目的関数の値は（x_3, x_4 の係数は 0 であるので，x_3, x_4 の変動には影響を受けないので）5 万円増加します．表 3.2 の中では，目的関数の増減を

$$
\begin{aligned}
& f(1, 0, 1635, 1390) - f(0, 0, 1650, 1400) \\
& = c_1 \times 1 + c_2 \times 0 + c_3 \times (1635 - 1650) + c_4 \times (1390 - 1400) \\
& = c_1 - (c_3 \times 15 + c_4 \times 10) = c_1 - z_1 = 5 - (0 \times 15 + 0 \times 10) = 5
\end{aligned}
$$

と表現しています．また，x_1 を非基底変数にしたままで，非基底変数 x_2 の値を 1 単位増加させると，すなわち図 3.3 において，点 O から点 G に移動すると，x_3 の値は

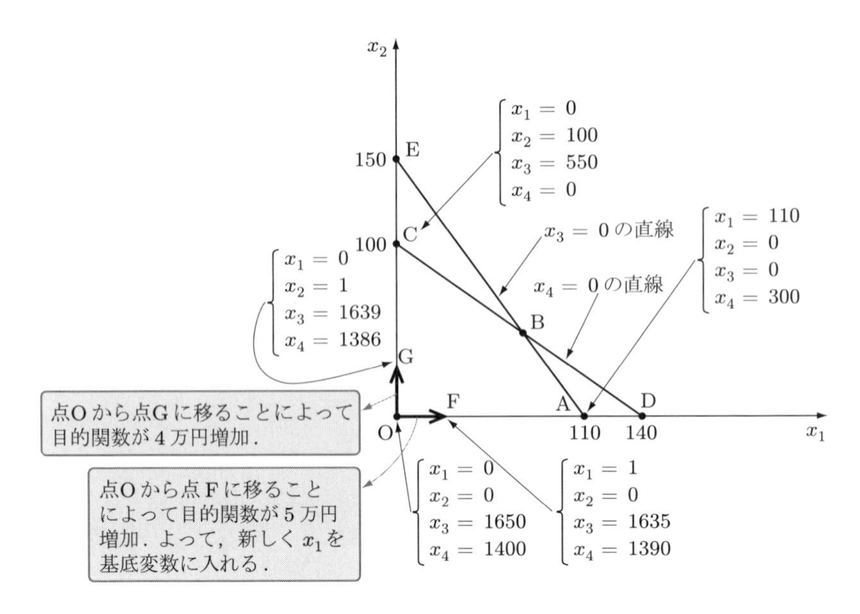

図 3.3　実行基底解の比較

表 3.2　シンプレックス表 (1)

		$c_j \rightarrow$	5	4	0	0	
c_i	基底変数	定数項	x_1	x_2	x_3	x_4	θ
0	x_3	1650	15	11	1	0	$\dfrac{1650}{15} = 110$（最小値）
0	x_4	1400	10	14	0	1	$\dfrac{1400}{10} = 140$
z_j		0	0	0	0	0	
$c_j - z_j$			5	4	0	0	

目的関数の増減（いちばん大きいものを選ぶ）　（最大値）　現在の非基底変数をいくつまで増加させることが可能か（いちばん小さいものを選ぶ）

11減少し，x_4の値は14減少するので，点Gは$(x_1, x_2, x_3, x_4) = (0, 1, 1639, 1386)$となります．さらに，目的関数の値は4万円増加します．表3.2の中では，目的関数の増減を

$$
\begin{aligned}
&f(0, 1, 1639, 1386) - f(0, 0, 1650, 1400) \\
&\quad = c_1 \times 0 + c_2 \times 1 + c_3 \times (1639 - 1650) + c_4 \times (1386 - 1400) \\
&\quad = c_2 - (c_3 \times 11 + c_4 \times 14) = c_2 - z_2 = 4 - (0 \times 11 + 0 \times 14) = 4
\end{aligned}
$$

と表現しています．以上の計算を表 3.2 のような表に表現して実行すると都合がよいです．この表を**シンプレックス表（単体表）**といいます．

表 3.2 において，z_j は制約条件における x_j の係数ベクトルと基底変数に対応する目的関数の係数ベクトルの内積，すなわち対応する各要素の積の和で求められます．たとえば表 3.2 の z_1 の値は，x_1 の係数ベクトル (15,10) と基底変数 x_3, x_4 の目的関数における係数ベクトル (0,0) の内積，すなわち $z_1 = 0 \times 15 + 0 \times 10 = 0$ で与えられます．そして，$c_j - z_j$ はつぎのように解釈されます．

① もし $c_j - z_j$ が正ならば，x_j が 1 単位増加したときに，目的関数の値は $c_j - z_j$ 増加します．したがって，最大化問題ならば改良（最小化問題ならば改悪）を意味します．

② もし $c_j - z_j$ が負ならば，x_j が 1 単位増加したときに，目的関数の値は $-(c_j - z_j)$ だけ減少するので，最大化問題ならば改悪（最小化問題ならば改良）を意味します．

ゆえに，すべての j に対して，$c_j - z_j \leqq 0$ ならば，最大化問題においては，現在の実行基底解が最適解です（もし，すべての j に対して，$c_j - z_j \geqq 0$ ならば，最小化問題において現在の実行基底解が最適解です）．よって，シンプレックス法はこれで終了します．そうでなければ，現在の実行基底解は最適解でないので，つぎのステップに移ります．

Step2 新しい基底変数を選ぶ：目的関数をもっとも大きく改良する非基底変数を選び，それを新しく基底変数に入れます．すなわち，最大化問題においては，正の $c_j - z_j$ の中で最大値に対応する変数を新しい基底変数として選びます（最小化問題においては，負の $c_j - z_j$ の中で最小値に対応する変数を新しい基底変数として選びます）．この例題では，表 3.2 から新しい基底変数として x_1 が選ばれます．

Step3 現在の基底変数の中から非基底変数となる変数を選ぶ：x_1 を 1 単位増加させると，目的関数の値は 5 万円増加するので，x_1 をできるだけ増加させたいです．x_1 の値を 1 単位増加させると，現在の基底変数 x_3, x_4 の値はそれぞれ 15 単位，10 単位減少します．そして，現在の x_3, x_4 の値はそれぞれ 1650, 1400 であるので，x_3 が非負条件を満たすためには，x_1 は $1650/15 = 110$ までしか増加させることができません（図 3.3 で説明すると，点 O から出発して水平方向に進むと，原料 I の境界線（$x_3 = 0$ の直線）に点 A ($x_1 = 110$) で出会うので，これ以上 x_1 を増やすと x_3 の値が負になってしまいます）．同様にして，x_4 が非負条件を満たすためには，x_1 は $1400/10 = 140$ までしか増加させることができません．この 110 と 140 の値を表 3.2 の θ の欄に記入し，その中で最小値に対応する基底変数が新しく非基底変数となります（図3.3で説明すると，点Oから水平方向に進むと，$x_1 = 110$ で原料Iの境界線（$x_3 = 0$ の直線）に出会い，$x_1 = 140$ で原料IIの境界線（$x_4 = 0$ の直線）に出会いますが，すべての境界線の内側にいなければいけないので，θ の欄の最小値までしか進むことができなくて，これに対応する基底変数の値が0になるので，新たに x_3 が非基底変数となります）.

Step4　新しく基底変数になる変数（$c_j - z_j$ の最大値に対応する変数）の係数の中で，基底変数から非基底変数となる変数（θ の欄の最小値に対応する変数）との交点の係数を1とし，その他の係数は0とするピボット演算を実行し，新しい実行基底解を求める：基本問題3.1では，新しく基底変数になる変数は x_1 で，そのかわりに基底変数から非基底変数になる変数は x_3 であるので，表3.2において x_1 と x_3 の交点で**ピボット演算**を施せば，表3.2は表3.3になります.

表3.3　シンプレックス表(2)

		$c_j \rightarrow$	5	4	0	0		
c_i	基底変数	定数項	x_1	x_2	x_3	x_4	θ	
5	x_1	110	1	$\frac{11}{15}$	$\frac{1}{15}$	0	$\frac{110}{11/15} = 150$	
0	x_4	300	0	$\frac{20}{3}$	$-\frac{2}{3}$	1	$\frac{300}{20/3} = 45$	（最小値）
z_j		550	5	$\frac{11}{3}$	$\frac{1}{3}$	0		
$c_j - z_j$			0	$\frac{1}{3}$	$-\frac{1}{3}$	0		
				（最大値）				

このようにして，シンプレックス表を更新すると，新しい実行基底解 $(x_1, x_2, x_3, x_4) = (110, 0, 0, 300)$ が求められ（図3.3での点Aに対応しています），Step1に戻ってこれまでの手順を繰り返します.

表3.3から，$c_j - z_j$ の欄に正の値があるので，いまの実行基底解は最適解ではありません．よって，いま行った手順に従って，シンプレックス表を更新すると，表3.4を得ます.

表3.4において，$c_j - z_j$ の欄に正の値がないので，表3.4で与えられる実行基底解 $(x_1, x_2, x_3, x_4) = (77, 45, 0, 0)$ が最適解であり，目的関数の値は565です（この点は，図3.2，3.3の点Bに対応しています）．以上の解法をシンプレックス法（単体法）といいます．以下で，シンプレックス法の手順を簡潔に示します.

○シンプレックス法の手順

Step0：定式化された線形計画問題の制約条件の中に不等式があれば，スラック変

表 3.4 シンプレックス表 (3)

		$c_j \rightarrow$	5	4	0	0	
c_i	基底変数	定数項	x_1	x_2	x_3	x_4	θ
5	x_1	77	1	0	$\frac{7}{50}$	$-\frac{11}{100}$	
4	x_2	45	0	1	$-\frac{1}{10}$	$\frac{3}{20}$	
z_j		565	5	4	$\frac{3}{10}$	$\frac{1}{20}$	
$c_j - z_j$			0	0	$-\frac{3}{10}$	$-\frac{1}{20}$	

数を導入して不等式を等式に変える．等式の右辺は必ず非負にする．最初の実行基底解を見つけ，シンプレックス表を作成する（係数行列の中に単位行列が含まれていないときは，後で解説する罰金法を参照する）．

Step1：現在の実行基底解が最適解かどうかを判断するために，シンプレックス表の $c_j - z_j$ の欄を計算する．もし，最適解でないならば，Step2 に移る．最適解ならば，このステップで手順は終了する．

Step2：新たに基底変数になる変数を選ぶ．

Step3：現在の基底変数の中から非基底変数になる変数を選ぶ．

Step4：シンプレックス表をピボット演算で更新し，Step1 に戻る．

シンプレックス法を用いて，例題を解いてみます．

例題 3.1 堀田製菓では，3 種類の原料を用いて，3 種類の製品を生産している．表 3.5 で与えられた条件のもとで，利益を最大にする生産計画を求めよ．

表 3.5 例題の構成条件

原料＼製品	A	B	C	原料の使用可能量
I	2	3	0	150
II	0	2	4	80
III	3	0	5	200
製品 1 単位あたりの利益	3 万円	10 万円	4 万円	

解答 製品 A, B, C の生産量をそれぞれ x_1, x_2, x_3 単位とすると，利益高は

$$3x_1 + 10x_2 + 4x_3$$

です．また，原料 I の使用量は $2x_1 + 3x_2$ であり，使用可能量は 150 単位であるので，

$$2x_1 + 3x_2 \leqq 150$$

でなければなりません．同様にして，原料 II, III に対しても

$$2x_2 + 4x_3 \leqq 80$$

$$3x_1 \qquad + 5x_3 \leqq 200$$

を満たしていなければなりません．よって，この例題は

$$\text{制約条件：} \begin{array}{l} 2x_1 + 3x_2 \qquad\qquad \leqq 150 \\ \qquad\quad 2x_2 + 4x_3 \leqq 80 \\ 3x_1 \qquad\quad + 5x_3 \leqq 200 \\ x_1 \geqq 0, \quad x_2 \geqq 0, \quad x_3 \geqq 0 \end{array}$$

のもとで，

$$\text{目的関数：} 3x_1 + 10x_2 + 4x_3$$

を最大にする線形計画問題です．まず，スラック変数 x_4, x_5, x_6 を導入して，不等式を等式に変形すると，つぎの問題を得ます．

$$3x_1 + 10x_2 + 4x_3 \longrightarrow \text{最大化}$$

表 3.6 シンプレックス表

		$c_j \rightarrow$	3	10	4	0	0	0	
c_i	基底変数	定数項	x_1	x_2	x_3	x_4	x_5	x_6	θ
0	x_4	150	2	3	0	1	0	0	50
0	x_5	80	0	2	4	0	1	0	○40
0	x_6	200	3	0	5	0	0	1	∞
z_j		0	0	0	0	0	0	0	
c_j-z_j			3	○10	4	0	0	0	
0	x_4	30	2	0	-6	1	$-3/2$	0	○15
10	x_2	40	0	1	2	0	$1/2$	0	∞
0	x_6	200	3	0	5	0	0	1	$200/3$
z_j		400	0	10	20	0	5	0	
c_j-z_j			○3	0	-16	0	-5	0	
3	x_1	15	1	0	-3	$1/2$	$-3/4$	0	
10	x_2	40	0	1	2	0	$1/2$	0	
0	x_6	155	0	0	14	$-3/2$	$9/4$	1	
z_j		445	3	10	11	$3/2$	$11/4$	0	
c_j-z_j			0	0	-7	$-3/2$	$-11/4$	0	

►**注** c_j-z_j 欄は最大値に，θ 欄は最小値に○がつけてあります．

$$
\begin{aligned}
\text{制約条件：}\ & 2x_1 + 3x_2 \qquad + x_4 \qquad\qquad = 150 \\
& \qquad 2x_2 + 4x_3 \qquad + x_5 \qquad = 80 \\
& 3x_1 \qquad + 5x_3 \qquad\qquad + x_6 = 200 \\
& x_1 \geqq 0,\quad x_2 \geqq 0,\quad x_3 \geqq 0,\quad x_4 \geqq 0,\quad x_5 \geqq 0,\quad x_6 \geqq 0
\end{aligned}
$$

この線形計画問題の制約条件式の係数行列は

$$
A = \begin{pmatrix} 2 & 3 & 0 & 1 & 0 & 0 \\ 0 & 2 & 4 & 0 & 1 & 0 \\ 3 & 0 & 5 & 0 & 0 & 1 \end{pmatrix}
$$

であり，この中に 3×3 の単位行列が含まれているので，最初の実行基底解は $(x_1, x_2, x_3, x_4, x_5, x_6) = (0, 0, 0, 150, 80, 200)$ です．これより，シンプレックス表（表 3.6）を作成してこの問題を解きます．

最後のステップの $c_j - z_j$ の欄の正値がないので，最適解は $(x_1, x_2, x_3, x_4, x_5, x_6) = (15, 40, 0, 0, 0, 155)$ であり，そのときの利益高は 445 万円です． ■

3.2 罰金法 —— 形式的に実行基底解をつくる

最初の実行基底解が簡単に見つからないとき，すなわち，制約条件式の係数行列の中に単位行列が含まれていない場合には，制約条件式に変数を追加して形式的に係数行列の中に単位行列を構成する方法（これを**罰金法**といいます）があります．ここで，形式的に追加した変数を**人為変数** (artificial variable) といいます．人為変数は形式的に実行基底解を構成するために導入された変数であるので，問題にはなんら関係のない変数です．よって，人為変数には十分大きい罰金を課して（最大化問題においては，十分大きい正数 M を用いて，目的関数において人為変数の係数を $-M$ とします．最小化問題では，目的関数の中の人為変数の係数を M とします），最終的に人為変数が基底変数にならないようにする方法が罰金法です．つぎの例題で，現実の問題に罰金法を適用します．

例題 3.2 食物 I の 1 単位中には，栄養素 A が 1 mg，栄養素 B が 3 mg 含まれている．食物 II の 1 単位中には，A が 4 mg，B が 1 mg 含まれていて，食物 III の 1 単位中には，A, B がともに 1 mg 含まれている．食物 I, II, III の 1 単位の値段は，それぞれ 900 円，1000 円，200 円である．このとき，少なくとも 4 mg の栄養素 A と 9 mg の栄養素 B を摂取する最小費用の献立を求めよ．

解答 この問題は，費用を最小にする問題で，条件は表 3.7 で与えられています．

表 3.7 例題の構成条件

栄養素＼食物	I	II	III	栄養素の最低摂取量
A	1	4	1	4 mg
B	3	1	1	9 mg
食物 1 単位あたりの値段	9 百円	10 百円	2 百円	

さて，食物 I, II, III をそれぞれ y_1, y_2, y_3 単位食べる献立を立てると，費用は $9y_1 + 10y_2 + 2y_3$ [百円] かかり，栄養素 A は $y_1 + 4y_2 + y_3$ [mg] を，栄養素 B は $3y_1 + y_2 + y_3$ [mg] を摂取できます．よって，つぎのように定式化されます．

$$
\begin{aligned}
&9y_1 + 10y_2 + 2y_3 \longrightarrow \text{最小化} \\
&\text{制約条件：}\quad y_1 + 4y_2 + y_3 \geqq 4 \\
&\qquad\qquad\quad 3y_1 + y_2 + y_3 \geqq 9 \\
&\qquad\qquad\quad y_1 \geqq 0, \quad y_2 \geqq 0, \quad y_3 \geqq 0
\end{aligned}
$$

つぎに，スラック変数 y_4, y_5（ここで，y_4 は栄養素 A を 4 mg よりどれだけ多く摂取しているかという量で，y_5 は栄養素 B を 9 mg よりどれだけ多く摂取しているかという量です）を導入して，不等式を等式に変えます．

$$
\begin{aligned}
&9y_1 + 10y_2 + 2y_3 \longrightarrow \text{最小化} \\
&\text{制約条件：}\quad y_1 + 4y_2 + y_3 - y_4 = 4 \\
&\qquad\qquad\quad 3y_1 + y_2 + y_3 - y_5 = 9 \\
&\qquad\qquad\quad y_1 \geqq 0, \quad y_2 \geqq 0, \quad y_3 \geqq 0, \quad y_4 \geqq 0, \quad y_5 \geqq 0
\end{aligned} \tag{3.7}
$$

式 (3.7) の係数行列は

$$
A = \begin{pmatrix} 1 & 4 & 1 & -1 & 0 \\ 3 & 1 & 1 & 0 & -1 \end{pmatrix}
$$

であるので，2×2 の単位行列が含まれていないので，人為変数 y_6, y_7 を導入して，形式的に最初の実行基底解を構成します．そして，目的関数において人為変数には罰金を課しておきます（M は十分大きい正数）．

$$
\begin{aligned}
&9y_1 + 10y_2 + 2y_3 + My_6 + My_7 \longrightarrow \text{最小化} \\
&\text{制約条件：}\quad y_1 + 4y_2 + y_3 - y_4 + y_6 = 4 \\
&\qquad\qquad\quad 3y_1 + y_2 + y_3 - y_5 + y_7 = 9 \\
&\qquad\qquad\quad y_1 \geqq 0, \quad y_2 \geqq 0, \quad y_3 \geqq 0, \quad y_4 \geqq 0, \quad y_5 \geqq 0, \quad y_6 \geqq 0, \quad y_7 \geqq 0
\end{aligned} \tag{3.8}
$$

式 (3.8) の係数行列は，

表 3.8 シンプレックス表

		$c_j \to$	9	10	2	0	0	M	M	
c_i	基底変数	定数項	y_1	y_2	y_3	y_4	y_5	y_6	y_7	θ
M	y_6	4	1	4	1	-1	0	1	0	①
M	y_7	9	3	1	1	0	-1	0	1	9
z_j		$13M$	$4M$	$5M$	$2M$	$-M$	$-M$	M	M	
c_j-z_j			$9-4M$	$10-5M$	$2-2M$	M	M	0	0	
10	y_2	1	$1/4$	1	$1/4$	$-1/4$	0	$1/4$	0	4
M	y_7	8	$11/4$	0	$3/4$	$1/4$	-1	$-1/4$	1	$32/11$
z_j		$10+8\mathrm{M}$	$\frac{5}{2}+\frac{11}{4}M$	10	$\frac{5}{2}+\frac{3}{4}M$	$-\frac{5}{2}+\frac{1}{4}M$	$-M$	$\frac{5}{2}-\frac{1}{4}M$	M	
c_j-z_j			$\frac{13}{2}-\frac{11}{4}M$	0	$-\frac{1}{2}-\frac{3}{4}M$	$\frac{5}{2}-\frac{1}{4}M$	M	$-\frac{5}{2}+\frac{5}{4}M$	0	
10	y_2	$3/11$	0	1	$2/11$	$-3/11$	$1/11$	$3/11$	$-1/11$	$3/2$
9	y_1	$32/11$	1	0	$3/11$	$1/11$	$-4/11$	$-1/11$	$4/11$	$32/3$
z_j		$318/11$	9	10	$47/11$	$-21/11$	$-26/11$	$21/11$	$26/11$	
c_j-z_j			0	0	$-25/11$	$21/11$	$26/11$	$M-\frac{21}{11}$	$M-\frac{26}{11}$	
2	y_3	$3/2$	0	$11/2$	1	$-3/2$	$1/2$	$3/2$	$-1/2$	∞
9	y_1	$5/2$	1	$-3/2$	0	$1/2$	$-1/2$	$-1/2$	$1/2$	⑤
z_j		$51/2$	9	$-5/2$	2	$3/2$	$-7/2$	$-3/2$	$7/2$	
c_j-z_j			0	$25/2$	0	$-3/2$	$7/2$	$M+\frac{3}{2}$	$M-\frac{7}{2}$	
2	y_3	9	3	1	1	0	-1	0	1	
0	y_4	5	2	-3	0	1	-1	-1	1	
z_j		18	6	2	2	0	-2	0	2	
c_j-z_j			3	8	0	0	2	M	$M-2$	

►**注** 最小化問題であるので，c_j-z_j 欄の最小値を選びます．

$$
\begin{pmatrix} 1 & 4 & 1 & -1 & 0 & 1 & 0 \\ 3 & 1 & 1 & 0 & -1 & 0 & 1 \end{pmatrix}
$$

となります．この右端に 2×2 の単位行列が含まれているので，シンプレックス法（単体法）をスタートします．

表 3.8 の最後のステップの $c_j - z_j$ の欄に負がないので，シンプレックス法は終了します．よって，最適解は $(y_1, y_2, y_3, y_4, y_5) = (0, 0, 9, 5, 0)$ であるので，食物 III だけを 9 単位とれば，栄養素 A は $4+5=9\,\mathrm{mg}$，栄養素 B は $9+0=9\,\mathrm{mg}$ 摂取でき，費用は 1800 円ですみます． ■

3.3 輸送問題 —— できるだけ安く輸送する

輸送問題も線形計画問題として定式化されますが，輸送問題固有の解法があるので，この節で解説します．

複数の生産地（たとえば，m 箇所の工場）から複数の消費地（たとえば，消費地にある n 箇所の倉庫）に，品物をできるだけ安い輸送費で輸送する方法を求めるのが**輸送問題**です．この問題を具体的に考えてみます．

a_i を工場 i $(i = 1, 2, \ldots, m)$ の供給可能量，b_j を倉庫 j $(j = 1, 2, \ldots, n)$ の需要量とします．このとき，総供給可能量 $\sum_{i=1}^{m} a_i$ と総需要量 $\sum_{j=1}^{n} b_j$ が等しい場合だけを検討すれば十分です．もし，総供給量が総需要量を上回っている場合（$\sum_{i=1}^{m} a_i > \sum_{j=1}^{n} b_j$ のとき）には，架空（ダミー）の倉庫 $(n+1)$ をつくって，この倉庫の需要量を $b_{n+1} = \sum_{i=1}^{m} a_i - \sum_{j=1}^{n} b_j$ とすれば，総供給量と総需要量は一致します．このとき，各工場から架空の倉庫への輸送費は，そのときの状況に応じて決定します．もし，$\sum_{i=1}^{m} a_i < \sum_{j=1}^{n} b_j$ ならば，架空の工場 $(m+1)$ をつくって，その工場の供給可能量を $a_{m+1} = \sum_{j=1}^{n} b_j - \sum_{i=1}^{m} a_i$ とすれば，総供給量と総需要量は一致します．このときも，架空の工場 $(m+1)$ から各倉庫への輸送費はそのときの状況に応じて決定されるべきですが，多くの場合には供給不足による損失があるので，大きい輸送費を付加します．

つぎに，輸送問題を定式化します．工場 i から倉庫 j への輸送量を x_{ij}，工場 i から倉庫 j へ1単位の品物を輸送するのにかかる費用を c_{ij} とすると，輸送問題はつぎのように定式化されます．

$$
\left.\begin{aligned}
&\sum_{i=1}^{m}\sum_{j=1}^{n} c_{ij}x_{ij} \longrightarrow \text{最小化}\\
&\text{制約条件：}\ \sum_{j=1}^{n} x_{ij} = a_i, \quad i = 1, 2, \ldots, m\\
&\qquad\qquad\quad \sum_{i=1}^{m} x_{ij} = b_j, \quad j = 1, 2, \ldots, n\\
&\qquad\qquad\quad x_{ij} \geqq 0, \quad i = 1, \ldots, m, \quad j = 1, \ldots, n
\end{aligned}\right\} \tag{3.9}
$$

ここで，制約条件が等式で与えられるのは，総供給量と総需要量が等しいからです．輸送問題は表3.9のように表示する場合も多くあります．

輸送問題（式(3.9)）は線形計画問題であるので，シンプレックス法を用いて解くことも可能ですが，輸送問題の特殊な構造を利用した輸送問題固有の解法があるので，次の基本問題を解くことによって解説します．

表 3.9 輸送問題の構成条件

工場＼倉庫	1	2	3	$\cdots$	n	供給
1	c_{11}	c_{12}	c_{13}	$\cdots$	c_{1n}	a_1
2	c_{21}	c_{22}	c_{23}	$\cdots$	c_{2n}	a_2
$\vdots$	$\vdots$	$\vdots$	$\vdots$		$\vdots$	$\vdots$
m	c_{m1}	c_{m2}	c_{m3}	$\cdots$	c_{mn}	a_m
需要	b_1	b_2	b_3	$\cdots$	b_n	$\sum a_i = \sum b_j$

[基本問題 3.2] 三つの工場から三つの倉庫へ品物を輸送している．各工場の供給可能量，各倉庫の需要量および工場 i から倉庫 j に品物を 1 単位輸送するのに要する費用は，表 3.10 で与えられている．このとき，総輸送費を最小にする輸送計画を求めよ．

表 3.10 問題の構成条件

工場＼倉庫	1	2	3	供給
1	4	10	8	8
2	10	5	7	10
3	6	3	8	7
需要	6	8	11	

〈解説〉 式 (3.9) から，制約条件は $m \times n$ 個の変数に関する $(m+n)$ 本の方程式からなっています．しかし，$\sum_{i=1}^{m} a_i = \sum_{j=1}^{n} b_j$ であるので，$(m+n)$ 本の式のうち $(m+n-1)$ 本の式がわかれば，残りの 1 本の式はそれから導き出すことができるので，有効な式の本数は $(m+n-1)$ 本です．ゆえに，輸送問題の基底変数の数は $(m+n-1)$ 個です．基本問題 3.2 では，$m = n = 3$ なので，基底変数の数は 5 個です．

Step1 最初の実行基底解を求める：そのために，表 3.11 をつくります．

表 3.11 実行基底解の構成

工場＼倉庫	1	2	3	供給
1	4 6	10 2	8 	$8 = a_1$
2	10 	5 6	7 4	$10 = a_2$
3	6 	3 	8 7	$7 = a_3$
需要	$6 = b_1$	$8 = b_2$	$11 = b_3$	

►**注** (1, 3) 欄において，左上に書いてある数字は，工場 1 から倉庫 3 に品物を 1 単位輸送するときにかかる費用 $c_{13} = 8$ であり，中央には工場 1 から倉庫 3 への輸送量 x_{13} を記入します．

表3.11の(1,1)欄に，$\min(a_1, b_1)$，すなわちこの場合には$\min(8,6) = 6$を記入します．つぎに，a_1とb_1のうち大きいほうに1欄だけ動きます．この場合には，(1,2)欄に移り，この欄に$\min(a_1 - 6, b_2)$を記入します（この「6」は先ほど求めた$\min(8,6)$です）．この場合，$\min(8-6, 8) = 2$です．そして，$a_1 - 6$とb_2の大きいほうに1欄だけ動くので，(2,2)欄に移り，この欄に$\min(a_2, b_2 - 2) = \min(10, 8-2) = 6$を記入します．つぎに(2,3)欄に移り，この欄に$\min(a_2 - 6, b_3) = \min(10-6, 11) = 4$を記入します．そして，$a_2 - 6$より$b_3$のほうが大きいので，(3,3)欄に移り，この欄に$\min(a_3, b_3 - 4) = \min(7, 11-4) = 7$を記入します．総供給量と総需要量が等しいので，最後の欄では$a_3 = b_3 - 4 = 7$となります．この手順に従って表を作成していくと，必ず実行基底解を求めることができ，空欄の箇所は非基底変数であり$x_{ij} = 0$です．この方法を**対角線法**といいます．

Step2　現在の実行基底解が改良できるかどうかを評価する：もし改良できなければ，現在の実行基底解が最適解（総輸送費を最小にする輸送計画）であり，この手順は終了します．もし改良できるならば，Step3に移ります．

現在の実行基底解が改良できるかどうかを評価するために，非基底変数の値を1単位増加させたときに，輸送費が減少するかどうかを調べればよいです．そのために，非基底変数をスタートし，基底変数のみを通過して再びスタートの非基底変数に戻るループを考えます（もっとも簡単な時計回りのループを考えます．このとき曲がるところの基底変数を指定します）．たとえば，非基底変数x_{13}をスタートし，x_{23}, x_{22}, x_{12}を通過して，再びx_{13}に戻るループを考えます．そして，x_{13}を$+1$とすると，需要－供給の関係から，x_{23}の値は1単位減らさなければなりません．また，x_{23}を1単位減らしたので，x_{22}の値は1単位増やさなければならず，同様にして，x_{12}の値は1単位減らす必要があります．このようにすると，現在の実行基底解と違う輸送計画が求められるので，このとき輸送費がどのくらい変化するかを調べます．x_{13}を1単位増加させることによって求められた輸送計画の輸送費は，現在の実行基底解の輸送費より

$$c_{13} + c_{22} - (c_{23} + c_{12}) = 8 + 5 - (7 + 10) = -4$$

だけ改良されます．この計算をすべての非基底変数に対して実行し，輸送費が改良されなければ，現在の実行基底解が最適解です．この問題において，すべての非基底変数に対する同様の計算結果は表3.12で与えられています．

表3.12の「改良できる費用」の欄がすべて0か正ならば，現在の実行基底解が最適解です．もしそうでなければ，Step3に移ります．

Step3　新しい実行基底解を求める：表3.12の「改良できる費用」の欄の最小値

表 3.12 実行基底解の評価

非基底変数	ループ	改良できる費用
x_{13}	$x_{13} \to x_{23} \to x_{22} \to x_{12} \to x_{13}$	$8+5-(7+10)=-4$
x_{21}	$x_{21} \to x_{11} \to x_{12} \to x_{22} \to x_{21}$	$10+10-(4+5)=11$
x_{31}	$x_{31} \to x_{11} \to x_{12} \to x_{22} \to x_{23} \to x_{33} \to x_{31}$	$6+10+7-(4+5+8)=6$
x_{32}	$x_{32} \to x_{22} \to x_{23} \to x_{33} \to x_{32}$	$3+7-(5+8)=-3$

（この値は負です）に対応する変数を基底変数に入れます．この例題では，x_{13} を基底変数に入れます．x_{13} を 1 単位増加させると，輸送費が -4 改良できるので，x_{13} をできるだけ増加させたいです．需要 – 供給の関係から，x_{13} を 1 単位増加させると，x_{22} も 1 単位増加させ，そのかわりに x_{23} と x_{12} はともに 1 単位減少させなければなりません．変数 x_{ij} の非負条件から，x_{13} は $\min(x_{23}, x_{12}) = \min(4, 2) = 2$ までしか増加させることができません（この値は，シンプレックス表の θ の欄の最小値に対応しています）．その結果，x_{12} の値は 0 となるので，x_{12} を基底変数から非基底変数とします．x_{13} を 2 単位増加させることによって求められる実行基底解は，表 3.13 に与えられています．x_{13} を 2 増加させると，x_{22} も 2 増加し，そのかわり x_{23} と x_{12} が 2 減少し，その結果 $x_{12} = 0$ となるので，x_{12} が非基底変数となり，表においては空欄となります．

表 3.13 実行基底解の構成

工場＼倉庫	1	2	3	供給
1	4 6	10	8 2	8
2	10	5 8	7 2	10
3	6	3	8 7	7
需要	6	8	11	

新しい実行基底解が求められたので，Step2 のはじめに戻ります．上述の手順で，0 になる基底変数が複数あったときには，どれか一つを非基底変数とし，表では空欄とし，残りの変数の欄には 0 を記入し，この変数は基底変数のままとしておきます．Step2 のはじめに戻り，表 3.13 で与えられる実行基底解が改良できるかどうかを評価するために，表 3.14 を作成します．

表 3.14 から，x_{32} を新たに基底変数に入れ，そのかわりに $\min(x_{22}, x_{33}) = \min(8, 7) = 7$ より，x_{33} を基底変数から非基底変数にすると，新しい実行基底解が求められます．表 3.15 で与えられる実行基底解が最適解であるかどうかを判定するために，表

表 3.14　実行基底解の評価

非基底変数	ループ	改良できる費用
x_{12}	$x_{12} \to x_{13} \to x_{23} \to x_{22} \to x_{12}$	$10+7-(8+5)=4$
x_{21}	$x_{21} \to x_{11} \to x_{13} \to x_{23} \to x_{21}$	$10+8-(4+7)=7$
x_{31}	$x_{31} \to x_{11} \to x_{13} \to x_{33} \to x_{31}$	$6+8-(4+8)=2$
x_{32}	$x_{32} \to x_{22} \to x_{23} \to x_{33} \to x_{32}$	$3+7-(5+8)=-3$

表 3.15　実行基底解の構成

工場＼倉庫	1	2	3	供給
1	[4] 6	[10]	[8] 2	8
2	[10]	[5] 1	[7] 9	10
3	[6]	[3] 7	[8]	7
需要	6	8	11	

表 3.16　実行基底解の評価

非基底変数	ループ	改良できる費用
x_{12}	$x_{12} \to x_{13} \to x_{23} \to x_{22} \to x_{12}$	$10+7-(8+5)=4$
x_{21}	$x_{21} \to x_{11} \to x_{13} \to x_{23} \to x_{21}$	$10+8-(4+7)=7$
x_{31}	$x_{31} \to x_{11} \to x_{13} \to x_{23} \to x_{22} \to x_{32} \to x_{31}$	$6+8+5-(4+7+3)=5$
x_{33}	$x_{33} \to x_{32} \to x_{22} \to x_{23} \to x_{33}$	$8+5-(3+7)=3$

3.16 を作成します.

表 3.16 より，表 3.15 で与えられる実行基底解が最適解であり，そのときの輸送費は

$$4 \times 6 + 8 \times 2 + 5 \times 1 + 7 \times 9 + 3 \times 7 = 24 + 16 + 5 + 63 + 21 = 129$$

です. □

例題 3.3　表 3.17 で与えられる輸送問題を解け.

表 3.17　問題の構成条件

工場＼倉庫	1	2	3	供給
1	10	5	8	10
2	7	8	9	5
3	3	5	2	15
需要	5	15	10	

解答 対角線法により，最初の実行基底解を求め，それを改良すると表 3.18 を得ます．以上から，最適な輸送計画は

$$x_{12}=10,\quad x_{22}=5,\quad x_{31}=5,\quad x_{33}=10$$

その他 $x_{ij}=0$

であり，そのときの輸送費は

$$5\times 10+8\times 5+3\times 5+2\times 10=50+40+15+20=125$$

です．

表 3.18

工場＼倉庫	1	2	3	供給
1	10 5	5 5	8	10
2	7	8 5	9	5
3	3	5 5	2 10	15
需要	5	15	10	

ループ	改良できる費用
$x_{13}\to x_{33}\to x_{32}\to x_{12}\to x_{13}$	6
$x_{21}\to x_{11}\to x_{12}\to x_{22}\to x_{21}$	−6
$x_{23}\to x_{33}\to x_{32}\to x_{22}\to x_{23}$	4
$x_{31}\to x_{11}\to x_{12}\to x_{32}\to x_{31}$	−7

⇒

工場＼倉庫	1	2	3	供給
1	10	5 10	8	10
2	7	8 5	9	5
3	3 5	5 0	2 10	15
需要	5	15	10	

►**注** x_{11} を非基底変数とし，x_{32} は基底変数のまま残します．

ループ	改良できる費用
$x_{11}\to x_{12}\to x_{32}\to x_{31}\to x_{11}$	7
$x_{13}\to x_{33}\to x_{32}\to x_{12}\to x_{13}$	6
$x_{21}\to x_{22}\to x_{32}\to x_{31}\to x_{21}$	1
$x_{23}\to x_{33}\to x_{32}\to x_{22}\to x_{23}$	4

■

3.4 双対問題——最小化問題を簡単に解く

3.2 節の罰金法のところで与えた例題 3.2 の線形計画問題は

$$\langle\mathrm{P}\rangle\quad 9y_1+10y_2+2y_3 \longrightarrow \text{最小化}$$

$$\text{制約条件：}\quad \begin{aligned} y_1+4y_2+y_3 &\geqq 4\\ 3y_1+\ \ y_2+y_3 &\geqq 9\\ y_1\geqq 0,\quad y_2\geqq 0,\quad & y_3\geqq 0 \end{aligned}$$

でした．これを**主問題** (primal problem) とよぶとき，この問題の**双対問題** (dual problem) は

$$\langle \mathrm{D} \rangle \quad 4x_1 + 9x_2 \longrightarrow 最大化$$

$$\begin{aligned} 制約条件：\quad x_1 + 3x_2 &\leqq 9 \\ 4x_1 + x_2 &\leqq 10 \\ x_1 + x_2 &\leqq 2 \\ x_1 \geqq 0, \quad x_2 &\geqq 0 \end{aligned}$$

で与えられます．一般に，主問題の $\langle \mathrm{P} \rangle$ と双対問題 $\langle \mathrm{D} \rangle$ は，

$$\langle \mathrm{P} \rangle \quad b_1y_1 + b_2y_2 + b_3y_3 \longrightarrow 最小化$$

$$\begin{aligned} 制約条件：\quad & a_{11}y_1 + a_{12}y_2 + a_{13}y_3 \geqq c_1 \\ & a_{21}y_1 + a_{22}y_2 + a_{23}y_3 \geqq c_2 \\ & y_1 \geqq 0, \quad y_2 \geqq 0, \quad y_3 \geqq 0 \end{aligned}$$

$$\langle \mathrm{D} \rangle \quad c_1x_1 + c_2x_2 \longrightarrow 最大化$$

$$\begin{aligned} 制約条件：\quad & a_{11}x_1 + a_{21}x_2 \leqq b_1 \\ & a_{12}x_1 + a_{22}x_2 \leqq b_2 \\ & a_{13}x_1 + a_{23}x_2 \leqq b_3 \\ & x_1 \geqq 0, \quad x_2 \geqq 0 \end{aligned}$$

で与えられ，$\langle \mathrm{P} \rangle$ と $\langle \mathrm{D} \rangle$ の間にはつぎの関係が成り立ちます．

主問題と双対問題の間に成立する性質

① 主問題，双対問題のいずれか一方に最適解が存在すれば，他方にも最適解が存在して，主問題の最小値と双対問題の最大値は等しい．

② 双対問題をシンプレックス法で解いたとき，主問題の最適解はシンプレックス表の最後のステップの z_j の欄の最初の基底変数に対応する部分で与えられる．

例題 3.2 の主問題 $\langle \mathrm{P} \rangle$ は，3.2 節で罰金法を用いて解いて，最適解は $(y_1, y_2, y_3) = (0, 0, 9)$ でした．双対問題 $\langle \mathrm{D} \rangle$ をシンプレックス法で解いて，上記の性質②を確認します．

双対問題 $\langle \mathrm{D} \rangle$ にスラック変数 x_3, x_4, x_5 を導入すると，問題 $\langle \mathrm{D} \rangle$ は

$$4x_1 + 9x_2 \longrightarrow 最大化$$

$$
\begin{aligned}
\text{制約条件：}\quad & x_1 + 3x_2 + x_3 = 9 \\
& 4x_1 + x_2 + x_4 = 10 \\
& x_1 + x_2 + x_5 = 2 \\
& x_1 \geqq 0,\quad x_2 \geqq 0,\quad x_3 \geqq 0,\quad x_4 \geqq 0,\quad x_5 \geqq 0
\end{aligned}
$$

となります．制約条件式の係数行列に単位行列が含まれているので，シンプレックス法をスタートします．

表 3.19 より，双対問題の最適解は $(x_1, x_2) = (0, 2)$ であり，主問題の最適解はシンプレックス表の最後のステップの z_j の欄の最初の基底変数 x_3, x_4, x_5 に対応する部分（アミがけの部分）であるので，$(y_1, y_2, y_3) = (0, 0, 9)$ で与えられます．そして，主問題の最小値は 18（これは双対問題の最大値）です．

表 3.19 シンプレックス表

		$c_j \rightarrow$	4	9	0	0	0	
c_i	基底変数	定数項	x_1	x_2	x_3	x_4	x_5	θ
0	x_3	9	1	3	1	0	0	3
0	x_4	10	4	1	0	1	0	10
0	x_5	2	1	①	0	0	1	②
z_j		0	0	0	0	0	0	
$c_j - z_j$			4	⑨	0	0	0	
0	x_3	3	−2	0	1	0	−3	
0	x_4	8	3	0	0	1	−1	
9	x_2	2	1	1	0	0	1	
z_j		18	9	9	0	0	9	
$c_j - z_j$			−5	0	0	0	−9	

主問題を罰金法で解いたとき，シンプレックス法は 5 ステップ（表 3.8）も要しましたが，双対問題は 2 ステップ（表 3.19）であり，簡単に最適解が求められました．一般に，最小化問題の場合には，罰金法を用いるのが普通であるので，双対問題をシンプレックス法で解いて，主問題と双対問題の間に成立する性質②を用いて，主問題の最適解を求めたほうが計算が簡単です．

演習問題　3章

3.1 池田工業では，二つの部品 A, B を二つの工程 I, II で生産している．部品 A を 1 単位生産するのに，工程 I では 2 人の工員が必要で，工程 II でも 2 人の工員が必要である．また，部品 B を 1 単位生産するのに，工程 I, II ではそれぞれ 3 人，2 人の工員が必要である．池田工業の運営状況は表 3.20 のとおりである．このとき，利益を最大にする生産計画をシンプレックス法で求めよ．

表 3.20

工程＼部品	A	B	工程の工員総数
I	2	3	120 人
II	2	2	90 人
1 単位あたりの利益	5 万円	1 万円	

3.2 問題 3.1 の池田工業の運営状況は，世の中の状況の変化により表 3.21 のようになった．このとき，利益を最大にする生産計画をシンプレックス法で求めよ．

表 3.21

工程＼部品	A	B	工程の工員総数
I	2	3	120 人
II	2	2	90 人
1 単位あたりの利益	2 万円	6 万円	

3.3 自宅で飼っている犬には 1 回の食事で，三つの栄養素 A, B, C をそれぞれ少なくとも 60 単位，25 単位，40 単位を摂取させたい．2 種類の食物 I, II それぞれ 1 単位中に含まれている各栄養素の量と食物 1 単位の値段は表 3.22 のとおりである．このとき，費用最小の献立を，罰金法を用いて求めよ．

表 3.22

栄養素＼食物	I	II	最低必要量
A	3	4	60
B	2	1	25
C	1	2	40
食物 1 単位あたりの値段	300 円	500 円	

3.4 問題 3.3 の線形計画問題の双対問題を求め，双対問題をシンプレックス法で解き，そのシンプレックス表から問題 3.3 の最適解を求めよ．

3.5 四つの工場から三つの倉庫へ品物を輸送している．各工場の供給可能量，各倉庫の需要量および工場 i から倉庫 j に品物を 1 単位輸送するのに要する費用が表 3.23 で与えられている．このとき，総輸送費を最小にする輸送計画を求めよ．

表 3.23

工場＼倉庫	1	2	3	供給量
1	10	13	12	50
2	15	20	10	25
3	20	25	15	30
4	10	11	10	30
需要量	40	50	45	

4章
待ち行列モデル —— 待ちを軽減しよう

発生する需要に対して，サービスを提供するシステムの動向を，モデルを用いて解析するのが待ち行列理論 (queueing theory) です．この理論は，1909 年のアーラン (A. K. Erlang) による電話回線の混み具合の問題の研究に始まり，現在では現実の多くの問題に適用され効果を上げている手法です．まず，4.1 節で待ち行列の表記法について解説し，その後，待ち行列モデルを現実の問題に適用してみましょう．

4.1 待ち行列問題とその表記法

銀行の ATM の前には，順番を待つ多くの客が列をなしていることがあります．このとき，客は先着順（システムにきた順）にサービスを受けるのが普通です．これを **FCFS** (first come first serve) と略記することもあります．また，ATM は並列に配置されるのが普通です．よって，ATM の混み具合を左右する要因としては，

① 客の到着数
② 客の ATM の平均使用時間
③ ATM の数
④ ATM コーナーに入れる客の数

が考えられます．このことを，少し説明しましょう．

ATM にくる客の 1 時間あたりの平均到着数が λ であれば，客の平均到着間隔の長さは $1/\lambda$ 時間です．すなわち，客が $1/\lambda$ 時間の到着間隔で λ 人到着すれば，$1/\lambda \times \lambda = 1$ 時間です．また，客の平均使用時間（平均サービス時間）が $1/\mu$ 時間とすると，利用率

$$\rho = \frac{1/\mu}{1/\lambda} = \frac{\text{平均サービス時間}}{\text{平均到着間隔}}$$

が 1 以上のときには，待っている客の数は限りなく増大するので，ATM の台数を複数にしなければなりません．

このようにランダムに発生する需要に対して，サービスを提供するシステムは，いろいろなデータから，上述の例では

① 客の到着間隔の平均値
② 客の ATM の平均使用時間

の情報を集め，その情報に基づいたモデルを作成し，このモデルの解析から，たとえば客の平均待ち時間などを求め，システムの動向を予測します．この予測から，システムの改善のための意思決定を行います．

待ち行列理論は，現実の問題に広く応用されています．たとえば，銀行の ATM，駅の改札口，スーパーマーケットのレジなど客が行列をなして待っている現象や，現実には行列はつくりませんが，故障した機械の修理待ち，航空機の着陸待ちなど，サービスの順番を待っている現象なども待ち行列問題として扱われています．

客は先着順にサービスを受け (FCFS)，窓口の配置は並列であるのが普通であるので，**待ち行列モデル**は四つの要因

① 客の到着の法則
② サービス時間の長さ
③ 窓口の数
④ 系の容量

で特徴づけられます．ケンドール (G. K. Kendall) は，待ち行列モデルを

[ア] / [イ] / [ウ] ([エ])

で表現することを提唱しました (これを，**ケンドールの記号**といいます)．そして，[ア] のところには客の到着の確率法則，[イ] のところにはサービス時間の確率法則として表 4.1 の記号を記入します．[ウ]，[エ] には自然数が記入され，[ウ] は窓口の数で，[エ] は系の容量を表しています．特に，[エ] に ∞ を入れる場合，すなわち系の容量が無限のときには，[エ] の欄を省くことが多いです．たとえば，$M/M/1$ **モデル**は，ポアソン到着，指数サービス，窓口の数は一つで，系の容量が無限の待ち行列モデルです．実際には，$M/M/1\ (k)$ モデルで表現される現実が普通ですが，k の値がある程度大きい場合には，$M/M/1$ モデルで解析することが多いです．これは，どちらのモデルで解析しても結果はほとんど同じであり，$M/M/1$ モデルの解析のほうがきれいに表現されてい

表 4.1 到着とサービス時間の法則

記号	到着の確率法則	サービス時間の確率法則
M	ポアソン到着	指数サービス
D	レギュラー到着	レギュラーサービス
G	一般の到着	一般のサービス
E_k	次数 k のアーラン到着	次数 k のアーランサービス

るからです．

4.2 $M/M/1$ モデル――もっともポピュラーなモデル

待ち行列モデルの中で，もっともポピュラーなモデルが $M/M/1$ (∞) モデルです．すなわち，ポアソン到着，指数サービスで窓口が一つの待ち行列モデルです．

4.2.1 ポアソン到着

ポアソン到着は，t 時間に客がちょうど k 人到着する割合が，

$$v_k(t) = \frac{(\lambda t)^k}{k!}e^{-\lambda t}, \quad k = 0, 1, 2, \ldots \tag{4.1}$$

で与えられる到着です．ここで，λ は単位時間内に到着する客の平均数です．式 (4.1) の右辺は，パラメータ λt の**ポアソン分布**の確率関数です．

ポアソン到着は，t 時間にちょうど k 人の客が系に到着する確率がポアソン分布で与えられます．このとき，つぎつぎと到着する客の到着間隔の長さを T とし，その確率密度関数（ポアソン分布は離散分布であるので，式 (4.1) の右辺を確率関数とよびました）を $f(t)$ とすれば，到着間隔 T が t 時間以上である確率 $P\{T > t\}$ は

$$P\{T > t\} = \int_t^\infty f(x)dx = v_0(t) = e^{-\lambda t}$$

で与えられます．すなわち，$T > t$ であるとは，到着間隔が t 時間より大きく，時刻 t までには客は到着していないということ $(k = 0)$ なので，上式が成立します．上式の両辺を t で微分すると，

$$f(t) = \lambda e^{-\lambda t}, \quad t \geqq 0 \tag{4.2}$$

を得ます．式 (4.2) を確率密度関数としてもつ分布は**指数分布**とよばれています．よって，ポアソン到着の場合には，客の到着間隔の長さは指数分布に従っていることがわかります．

到着間隔の長さが指数分布に従っていると，たとえばつぎの 1 分間の間に客が到着する確率は，いままでに客がどのくらいの間到着していないかに無関係であるので，ポアソン到着は「**でたらめな到着**」といわれています（くわしくは，4.7.2 項で解説します）．

4.2.2 指数サービス

サービスの場合には，客がいなければサービスを施すことができないので，単位時

間内に k 人のサービスが終了する割合ではなく，サービス時間の長さの確率法則を規定します．サービス時間の長さを S とし，S の確率密度関数を $g(t)$ としたとき，サービスの法則として，もっとも有名な指数サービスの場合は，S の確率密度関数が

$$g(t) = \mu e^{-\mu t}, \quad t \geqq 0 \tag{4.3}$$

で与えられます．ここで，$\mu > 0$ はサービス率（単位時間内にサービスすることができる客の平均数，または $1/\mu$ は平均サービス時間）です．前項でも述べたように，式 (4.3) で確率密度関数が与えられる分布を指数分布といいます．すなわち，指数サービスは法則的にはポアソン到着と同じですが，見る視点が違うのです．

4.2.3 $M/M/1$ モデルの公式

$M/M/1$ モデルにおいて，待ち行列に関する統計量を以下で与えます．くわしくは，4.7.4 項で解説します．ポアソン到着の到着率 λ（単位時間内に到着する客の平均数），指数サービスのサービス率 μ を用いて，**系の利用率**（**トラフィック密度**）

$$\rho = \frac{\lambda}{\mu} = \frac{\text{単位時間内に到着する客の平均数}}{\text{単位時間内にサービス可能な客の平均数}}$$

を求め，$\rho < 1$ である場合を考えます．$\rho \geqq 1$ のときには，系内数（システムの中にいる客の数）は限りなく増大するため，窓口を複数にしないといけないので，後で考察します．

(1) 平均系内数：$L = \dfrac{\rho}{1-\rho} = \dfrac{\lambda}{\mu - \lambda}$

(2) 待っている客の平均数：$L_q = \dfrac{\rho^2}{1-\rho} = \dfrac{\lambda^2}{\mu(\mu - \lambda)}$

(3) 平均滞在時間：$W = \dfrac{1}{\lambda}L = \dfrac{1}{\mu - \lambda}$

(4) 平均待ち時間：$W_q = \dfrac{1}{\lambda}L_q = \dfrac{\lambda}{\mu(\mu - \lambda)}$

(5) 待たなければならない確率：$P\{w > 0\} = \dfrac{\lambda}{\mu}$

この $M/M/1$ モデルの公式を現実の問題に適用してみましょう．

例題 4.1　三浦銀行では，客へのサービスのために税金相談の窓口を開設している．窓口には 1 人の相談員がいて，相談にくる客に対応している．相談にくる客の割合は，1 時間あたり平均 6 人のポアソン到着で，客の相談時間は平均 9 分の指数分布に従っている（これは指数サービスである）．このとき，つぎの量を計算せよ．

(1) 窓口に客のいる確率　　(2) 待っている客の平均数 (L_q)
(3) 相談窓口にきている客の平均数 (L)　　(4) 平均待ち時間 (W_q)
(5) 平均滞在時間 (W)

解答 相談窓口のあるロビーに無限の客が入ることは不可能ですが，先に述べたようにある程度多くの客を収容することが可能であれば，$M/M/1\ (\infty)$ モデルで解析するのが普通です．

到着率（単位時間内に到着する客の平均数）は

$$\lambda = \frac{6}{60} = \frac{1}{10}\ \text{人/分}$$

です．客の平均相談時間は 9 分であるので，すなわちサービス率を μ とすると，$1/\mu = 9$ であるので，

$$\mu = \frac{1}{9}\ \text{人/分}$$

です．よって，利用率（トラフィック密度）は

$$\rho = \frac{\lambda}{\mu} = \frac{1/10}{1/9} = \frac{9}{10} < 1$$

です．よって，上述の公式を適用します．

(1) 窓口に客のいる確率を $\overline{P}$ と書くと，$\overline{P} = \rho = \lambda/\mu$ であるので（ρ を系の利用率と表現していることから明らか），次のようになります．

$$\overline{P} = \frac{9}{10}$$

(2) 待っている客の平均数 (L_q)：$L_q = \rho^2/(1-\rho)$ であるので，次のようになります．

$$L_q = \frac{(9/10)^2}{1-9/10} = \frac{81}{10} = 8.1\ \text{人}$$

(3) 相談窓口にきている客の平均数 (L)：これは平均系内数といわれ，$L = \rho/(1-\rho)$ であるので，次のようになります．

$$L = \frac{9/10}{1-9/10} = 9\ \text{人}$$

(4) 平均待ち時間 (W_q)：$W_q = (1/\lambda)\, L_q = \lambda/\{\mu(\mu-\lambda)\}$ であるので，次のようになります．

$$W_q = 10 \times \frac{81}{10} = 81\ \text{分}$$

$$\left(= \frac{1/10}{(1/9)\,(1/9-1/10)} = \frac{9}{10/9-1} = 81\right)$$

(5) 平均滞在時間 (W)：$W = (1/\lambda)\, L = 1/(\mu-\lambda)$ であるので，

$$W = 10 \times 9 = 90\ \text{分}$$

$$\left(= \frac{1}{1/9 - 1/10} = \frac{90}{10-9} = 90\right)$$

です．ところで，平均滞在時間は平均待ち時間と平均サービス時間 $1/\mu$ の和で与えられるので，すなわち，

$$W = W_q + \frac{1}{\mu}$$

であるので，次のように求めることもできます．

$$W = 81 + 9 = 90 \text{ 分}$$ ■

例題 4.1 では，平均待ち時間が 81 分と長いので，待ち時間を減らす検討に入りました．とりあえず，質問に応じる項目を減らすことによって相談時間を短くし，その結果客の平均待ち時間を短くしようとしました．相談員を増やすと，窓口が複数になるので，その方法については 4.4 節で検討します．

例題 4.2 三浦銀行では，相談窓口での待ち時間が長いので，相談に応じる項目を減らすことによって，客の相談時間を短くし，待ち時間を減らそうとした．その結果，客の相談時間が平均 7 分の指数分布に従うことになった．その他の条件は，例題 4.1 のときと変わらないものとして，平均待ち時間と平均滞在時間を求めよ．

解答 到着率が

$$\lambda = \frac{1}{10} \text{ 人/分}$$

で，サービス率が

$$\mu = \frac{1}{7} \text{ 人/分}$$

の $M/M/1$ モデルで解析すればよいです．利用率（トラフィック密度）は

$$\rho = \frac{\lambda}{\mu} = \frac{7}{10} < 1$$

であるので，$M/M/1$ モデルの公式から

$$L_q = \frac{\rho^2}{1-\rho} = \frac{(7/10)^2}{1-7/10} = \frac{49}{30} \fallingdotseq 1.6 \text{ 人}$$

$$L = \frac{\rho}{1-\rho} = \frac{7/10}{1-7/10} = \frac{7}{3} \fallingdotseq 2.3 \text{ 人}$$

であるので，平均待ち時間と平均滞在時間は

$$W_q = \frac{1}{\lambda} L_q = 10 \times \frac{49}{30} = \frac{49}{3} \fallingdotseq 16.3 \text{ 分}$$

$$W = \frac{1}{\lambda}L = 10 \times \frac{7}{3} = \frac{70}{3} \fallingdotseq 23.3 \text{分}$$
$$\left(W = W_q + \frac{1}{\mu} = 16.3 + 7 = 23.3\right)$$

となります．客の平均相談時間が 9 分から 7 分に 2 分短くなっただけで，平均待ち時間は 81 分から 16.3 分になり，約 65 分も短縮しました．■

$M/M/1$ モデルの公式から，平均待ち時間は

$$W_q = \frac{1}{\lambda}L_q = \frac{1}{\lambda} \cdot \frac{\rho^2}{1-\rho} \tag{4.4}$$

で与えられるので，利用率 ρ が 1 に近いところでは，客の平均サービス時間を少し短くするだけで，平均待ち時間を大幅に短縮させることができます．これが待ち行列モデルの特徴であり，例題 4.1 と例題 4.2 の結果に現れています．式 (4.4) のグラフを図 4.1 で表現しました．

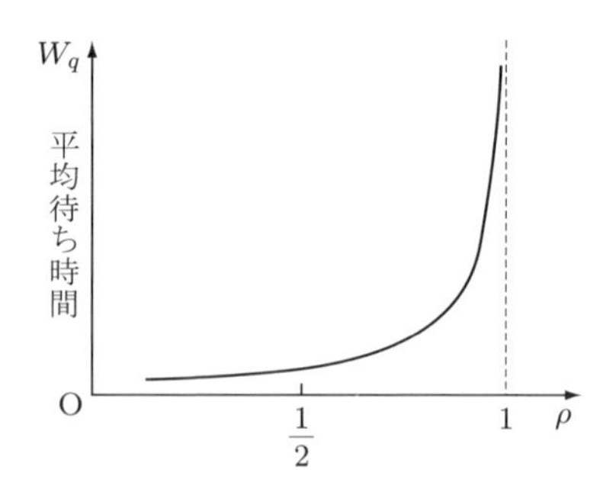

図 4.1　平均待ち時間と利用率の関係

►**注**　式 (4.4) において，$\rho \to 1$ とすると，$W_q \to \infty$ となるので，この図を得ます．

4.3　$M/G/1$ モデル——指数サービスでないときは

三浦銀行では，客が銀行に対してどんな要望をもっているかを知るために，税金相談窓口に来訪した客に，税金の相談を受ける前に 5 分間だけ銀行が用意した質問事項に答えてもらうことにしました．すると，客の相談時間は，この 5 分に税金に関する相談時間を加えた長さになるので，サービス時間の法則は，指数サービスではなくなります．このようなケースでは，$M/G/1$ **モデル**を用います．記号 G は，サービス時間の長さの分布として特定の分布を仮定しないときに用います．

$M/G/1$ モデルの場合，平均待ち時間は

$$W_q = \frac{\lambda b_2}{2(1-\rho)} \tag{4.5}$$

で与えられます．これを**ポラチェック–ヒンチンの公式**といいます．ここで，式 (4.5) の中に出てくる b_2 は，サービス時間の長さの分布の 2 次のモーメント，すなわち，サービス時間の長さの確率密度関数を $g(t)$ とすると，

$$b_2 = \int_0^\infty t^2 g(t)dt \tag{4.6}$$

です．そして，サービス率を μ とおくと，$1/\mu$ は平均サービス時間であるので，平均滞在時間 W は

$$W = W_q + \frac{1}{\mu} \tag{4.7}$$

で与えられます．また，待っている客の平均数 L_q と平均系内数 L は，

$$L_q = \lambda W_q \tag{4.8}$$

$$L = \lambda W \tag{4.9}$$

で与えられます．式 (4.8) を簡単に説明します．到着率 λ は，単位時間内に系に到着する客の平均数です．ある客が系に到着してからサービスを受けるまでに，この客は W_q 時間待つことになります．その間，単位時間あたり平均 λ 人の客が到着するので，この客がサービスを受けるときに後ろを見ると，λW_q 人の客がサービスを受けるために待っています．これが待っている客の平均数であるので，式 (4.8) が成立します．

$M/G/1$ モデルでは，式 (4.5), (4.7), (4.8) と (4.9) を用いれば，$M/M/1$ モデルのときと同様に待ち行列に関するいろいろな統計量が計算できます．

例題 4.3　池田医院は医者が 1 人で患者の診察に当たっている．患者は待合室で順番を待ち，先着順に診察室でサービス（診察）を受ける．到着は，1 時間あたり平均 3 人のポアソン到着で，診察時間は 10 分から 20 分の間で一様分布している．すなわち，診察時間の長さを Y とすると，Y の確率密度関数 $g(t)$ は

$$g(t) = \begin{cases} \dfrac{1}{10}, & 10 \leqq t \leqq 20 \\ 0, & \text{その他} \end{cases} \tag{4.10}$$

である．このとき，平均待ち時間 W_q を求めよ．

解答　ポアソン到着で，到着率は

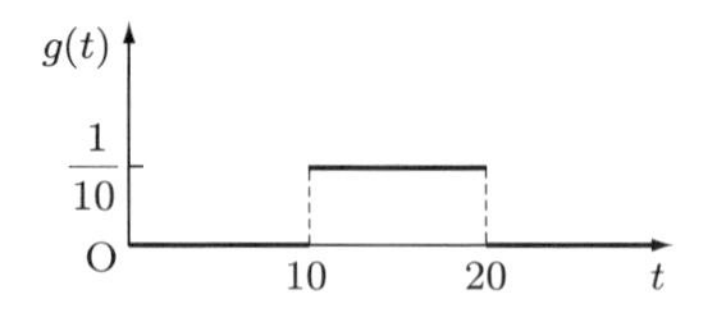

図 4.2　診察時間の確率密度関数

$$\lambda = \frac{3}{60} = \frac{1}{20} \text{ 人/分}$$

であり，サービス時間 Y は区間 $[10, 20]$ で一様分布しています．ケンドールの記号では，D はサービス時間が一定で，E_k は k 次のアーラン分布であり，一般のサービス G しか対応できないので，$M/G/1$ モデルを用いて解析します．式 (4.10) をグラフで表現すると，図 4.2 のようになります．

平均サービス時間 $E(Y)$ は明らかに 15 分であるので，$1/\mu = 15$ より，サービス率は

$$\mu = \frac{1}{15} \text{ 人/分}$$

です．よって，利用率は

$$\rho = \frac{\lambda}{\mu} = \frac{15}{20} = \frac{3}{4} < 1$$

です．また，ポラチェック－ヒンチンの公式の中にあるサービス時間分布の 2 次のモーメント b_2 は

$$b_2 = \int_0^{\infty} t^2 g(t)dt = \int_{10}^{20} \frac{1}{10} t^2 dt = \left[\frac{1}{30} t^3\right]_{10}^{20} = \frac{700}{3}$$

なので，式 (4.5) から次のようになります．

$$W_q = \frac{1/20 \times 700/3}{2\,(1 - 3/4)} = \frac{70}{3} \fallingdotseq 23.3 \text{ 分}$$ ■

4.4 $M/M/s$ モデル——複数窓口の待ち行列モデル

この節では，**複数窓口の待ち行列モデル**について解説します．「複数窓口」とは，図 4.3 のように同じ能力，同じ役割の窓口が並列に並んでいて，待ち行列はその前に 1 列に並んでいて，どこかの窓口が空けば，その窓口でつぎの順番の客がサービスを受ける待ち行列を意味します．

4.4.1 $M/M/s$ モデルの公式

$M/M/s$ **モデル**は，客の到着が到着率 λ のポアソン到着で，おのおのがサービス率 μ

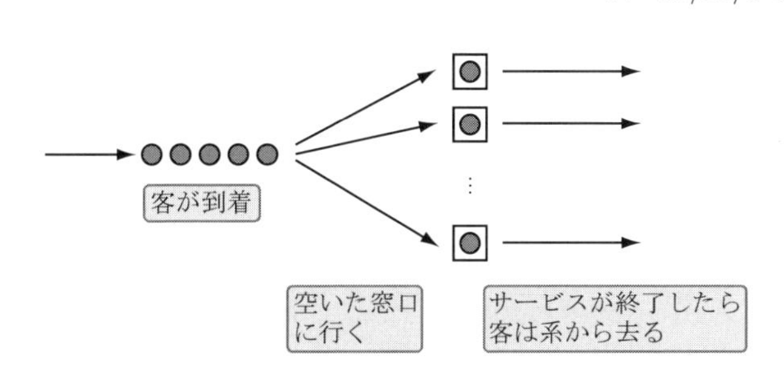

図 4.3 複数窓口

の指数サービスである s 個の窓口が並列に並んでいる複数窓口の待ち行列モデルです．

$M/M/s$ モデルでは，利用率 ρ は

$$\rho = \frac{\lambda}{s\mu} = \frac{a}{s} \quad \left(a = \frac{\lambda}{\mu}\right)$$

です．ρ が 1 より小さいとき，時間がある程度経過すると，待ち行列モデルとして安定した状態に入り，この安定した状況を支配している分布を**定常分布**といいます．定常分布や以下の公式については，4.7.5 項でくわしく解説します．

(1) 定常分布：定常分布 $\{P_n\}_{n=0}^{\infty}$ は

$$P_n = \begin{cases} \dfrac{a^n}{n!}P_0, & 0 \leqq n \leqq s \\ \dfrac{a^n}{s!s^{n-s}}P_0 = \dfrac{s^s\rho^n}{s!}P_0, & s \leqq n \end{cases} \tag{4.11}$$

$$P_0 = \frac{1}{\displaystyle\sum_{n=0}^{s-1}\frac{a^n}{n!} + \frac{a^s}{(s-1)!(s-a)}} \tag{4.12}$$

で与えられます．

(2) 待っている客の平均数 (L_q)：待っている客は $(n-s)$ 人です．

$$\begin{aligned} L_q &= \sum_{n=s}^{\infty}(n-s)P_n = \frac{a^{s+1}}{(s-1)!(s-a)^2}P_0 \\ &= \frac{\lambda\mu\,(\lambda/\mu)^s}{(s-1)!(s\mu-\lambda)^2}P_0 \end{aligned} \tag{4.13}$$

(3) 平均系内数 (L)：

$$L = \sum_{n=0}^{\infty} nP_n = L_q + a = L_q + \frac{\lambda}{\mu} \tag{4.14}$$

この式は，$M/M/1$ モデルの場合と同じです．

(4)　平均待ち時間 (W_q) **と平均滞在時間** (W)：ごく一般の条件のもとで

$$L_q = \lambda W_q, \quad L = \lambda W$$

が成立しているので，次式を得ます．

$$W_q = \frac{1}{\lambda}L_q = \frac{\mu(\lambda/\mu)^s}{(s-1)!(s\mu-\lambda)^2}P_0 \tag{4.15}$$

$$W = \frac{1}{\lambda}L = \frac{1}{\lambda}\left(L_q + \frac{\lambda}{\mu}\right) = W_q + \frac{1}{\mu} \tag{4.16}$$

(5)　待たなければならない確率 $(P\{w>0\})$：系内数が s 以上ならば，客は待たなければなりません．よって，次式を得ます．

$$P\{w>0\} = \sum_{n=s}^{\infty} P_n = \frac{a^s}{(s-1)!(s-a)}P_0$$
$$= \frac{\mu(\lambda/\mu)^s}{(s-1)!(s\mu-\lambda)}P_0 \tag{4.17}$$

　この $M/M/s$ モデルの公式を現実の問題に適用します．

例題 4.4　江崎旅行社では，例年 6，7 月はカウンターが非常に混雑して客からの不満が多いので，待ち行列モデルを用いて検討することにした．通常時には，2 人の係員がカウンターにいて，客に対応している．客は整理券をもらい，先着順にサービスを受ける．通常時の到着は，1 時間あたり平均 3 人のポアソン到着であり，平均相談時間（平均サービス時間）は 15 分で指数サービスと考えてもよいようである．

　このとき，平均待ち時間を求めよ．また，係員が 1 人のときと 3 人のときの平均待ち時間も求めよ．

解答　到着率，サービス率は

$$\lambda = \frac{3}{60} = \frac{1}{20}\text{ 人/分}, \quad \mu = \frac{1}{15}\text{ 人/分}$$

であるので，次のようになります．

$$a = \frac{\lambda}{\mu} = \frac{15}{20} = \frac{3}{4}$$

(i)　係員が 1 人のとき：$M/M/1$ モデルを適用します．

$$\rho = a = \frac{3}{4} < 1$$

であるので，待っている客の平均数は

$$L_q = \frac{\rho^2}{1-\rho} = \frac{(3/4)^2}{1-3/4} = \frac{9}{4}$$

であるので，平均待ち時間は次のようになります．

$$W_q = \frac{1}{\lambda} L_q = 20 \times \frac{9}{4} = 45\,\text{分}$$

(ii) 係員が 2 人のとき：$M/M/2$ モデルであり

$$\rho = \frac{a}{2} = \frac{3}{8} < 1, \quad a = \frac{3}{4}$$

であるので，式 (4.12) と式 (4.13) より

$$P_0 = \frac{1}{1 + \frac{3}{4} + \frac{(3/4)^2}{2-3/4}} = \frac{5}{11}, \quad L_q = \frac{(3/4)^3}{(2-3/4)^2} \times \frac{5}{11} = \frac{27}{220}$$

です．ゆえに，次のようになります．

$$W_q = \frac{1}{\lambda} L_q = 20 \times \frac{27}{220} = \frac{27}{11} \fallingdotseq 2.5\,\text{分}$$

(iii) 係員が 3 人のとき：$M/M/3$ モデルを適用します．

$$\rho = \frac{a}{3} = \frac{1}{4} < 1, \quad a = \frac{3}{4}$$

であるので，式 (4.12) と式 (4.13) より

$$P_0 = \frac{1}{1 + \frac{3}{4} + \frac{1}{2}\left(\frac{3}{4}\right)^2 + \frac{(3/4)^3}{2 \times (3-3/4)}} = \frac{8}{17}$$

$$L_q = \frac{(3/4)^4}{2 \times (3-3/4)^2} \times \frac{8}{17} = \frac{1}{68}$$

であるので，平均待ち時間は次のようになります．

$$W_q = \frac{1}{\lambda} L_q = 20 \times \frac{1}{68} = \frac{5}{17} \fallingdotseq 0.29\,\text{分}$$

■

以上の計算結果からわかるように，もし係員が 1 人しかいなければ，平均待ち時間は 45 分もありましたが，係員を 1 人増やして 2 人にしたら，客の平均待ち時間は 2.5 分になり，ほとんど待つことなくサービスを受けることができます．これが待ち行列の特徴です．

例題 4.5 例題 4.4 の江崎旅行社では，例年 6，7 月は特に混雑し，この旅行社を利用する客は通常時の 4 倍になり，サービス時間（相談時間）も通常時より 10 分も長くなる（これは通常時のサービス時間の 5/3 倍である）．すなわち，この期間の客の到着は，1 時間あたり平均 12 人のポアソン到着で，客の相談時間は平均 25

分の指数サービスに従っている．
江崎旅行社では，客の平均待ち時間を 10 分以内にしたいと考えている．さて，何人の係員をカウンターにおいたらよいか．

解答 到着率と各窓口のサービス率は

$$\lambda = \frac{12}{60} = \frac{1}{5} \text{人/分}, \quad \mu = \frac{1}{25} \text{人/分}$$

であるので，

$$a = \frac{\lambda}{\mu} = \frac{25}{5} = 5$$

であるので，少なくとも係員は 6 人必要です．もし，係員が 5 人であれば，利用率が

$$\rho = \frac{a}{5} = 1$$

であるので，平均待ち時間は限りなく大きくなります．

(i) 係員が 6 人のとき：$M/M/6$ モデルを適用します．

$$\rho = \frac{a}{6} = \frac{5}{6} < 1, \quad a = 5$$

であるので，式 (4.12) と式 (4.13) より

$$P_0 = \frac{1}{1 + 5 + \frac{5^2}{2} + \frac{5^3}{6} + \frac{5^4}{24} + \frac{5^5}{120} + \frac{5^6}{120 \times (6-5)}} = \frac{8}{1773}$$

$$L_q = \frac{5^7}{120 \times (6-5)^2} \times \frac{8}{1773} = \frac{15625}{5319}$$

であるので，平均待ち時間は

$$W_q = \frac{1}{\lambda} L_q = 5 \times \frac{15625}{5319} = \frac{78125}{5319} \fallingdotseq 14.7 \text{分}$$

です．よって，係員 6 人では，平均待ち時間を 10 分以内にすることはできません．

(ii) 係員が 7 人のとき：$M/M/7$ モデルを適用します．

$$\rho = \frac{5}{7} < 1, \quad a = 5$$

であるので，式 (4.12) と式 (4.13) より

$$P_0 = \frac{1}{1 + 5 + \frac{5^2}{2} + \frac{5^3}{6} + \frac{5^4}{24} + \frac{5^5}{120} + \frac{5^6}{720} + \frac{5^7}{720 \times (7-5)}} = \frac{288}{48203}$$

$$L_q = \frac{5^8}{720 \times (7-5)^2} \times \frac{288}{48203} = \frac{78125}{96406}$$

です．よって，平均待ち時間は

$$W_q = \frac{1}{\lambda}L_q = 5 \times \frac{78125}{96406} \fallingdotseq 4.1 \text{分}$$

であるので，江崎旅行社では，6，7 月には係員を 7 人にすれば，客の待ち時間は平均 4 分くらいになります．■

4.5 $M/G/s$ モデル——指数サービスでない複数窓口

例題 4.3 の池田医院では，平均待ち時間が 23.3 分でしたが，平均待ち時間を 10 分以内にするには，医者を何人（窓口をいくつ）にしたらよいでしょうか．この場合は，$M/G/s$ **モデル**になり，このモデルでの平均待ち時間は

$$W_q = \frac{1}{2}(1+c^2)W_q\ (M/M/s) \tag{4.18}$$

で近似されます．ここで，c はサービス時間分布の**変動係数**（標準偏差を平均値で割った値）であり，$W_q\ (M/M/s)$ は，同じ到着率，サービス率をもつ $M/M/s$ モデルでの平均待ち時間です．

> **例題 4.6** 佐野自動車修理工場には，故障した自動車が 1 日あたり平均 1 台のポアソン到着で到着する．故障した自動車の修理時間は 5/8 日から 15/8 日の間で一様分布している．このとき，平均 2 日以内で修理が完了するには，何人の修理工が必要か．ただし，修理工の能力はすべて同じで，1 台の故障車は 1 人の修理工で修理するものとする．

解答 到着率は

$$\lambda = 1 \text{台}/\text{日}$$

であり，平均修理時間は 10/8 日であるので，サービス率は

$$\mu = \frac{8}{10} = \frac{4}{5} \text{台}/\text{日}$$

です．よって，

$$a = \frac{\lambda}{\mu} = \frac{5}{4}$$

であるから，修理工は少なくとも 2 人必要です．

(i) 修理工が 2 人のとき：$M/G/2$ モデルを適用する．

$$\rho = \frac{a}{2} = \frac{5}{8} < 1, \quad a = \frac{5}{4}$$

であるので，式 (4.12), (4.13) を用いて，$M/M/2$ モデルでの平均待ち時間 $W_q\ (M/M/2)$ を求めます．

$$P_0 = \frac{1}{1 + \dfrac{5}{4} + \dfrac{(5/4)^2}{2 - 5/4}} = \frac{3}{13}, \quad L_q = \frac{(5/4)^3}{(2-5/4)^2} \times \frac{3}{13} = \frac{125}{156}$$

であるので，

$$W_q\ (M/M/2) = \frac{1}{\lambda} L_q = \frac{125}{156}\ \text{日}$$

です．つぎに，サービス時間分布の変動係数 c を求めます．サービス時間の確率密度関数 $g(t)$ は

$$g(t) = \begin{cases} \dfrac{4}{5}, & \dfrac{5}{8} \leqq t \leqq \dfrac{15}{8} \\ 0, & \text{その他} \end{cases}$$

であり，平均サービス時間は 10/8 であるので，サービス時間の分散は

$$\sigma^2 = \int_{5/8}^{15/8} \frac{4}{5}\left(t - \frac{10}{8}\right)^2 dt = \left[\frac{4}{15}\left(t - \frac{10}{8}\right)^3\right]_{5/8}^{15/8} = \frac{5^2}{3 \times 8^2}$$

です．ゆえに，変動係数は

$$c = \frac{5/8\sqrt{3}}{10/8} = \frac{5}{10\sqrt{3}} = \frac{1}{2\sqrt{3}}$$

であるので，式 (4.18) より平均待ち時間は

$$W_q = \frac{1}{2}\left(1 + \frac{1}{12}\right)\frac{125}{156} = \frac{125}{288}\ \text{日}$$

です．また，平均修理時間は $1/\mu = 5/4$ 日 であるので，平均滞在時間は

$$W = W_q + \frac{1}{\mu} = \frac{125}{288} + \frac{5}{4} = \frac{485}{288} = 1.68\ \text{日}$$

です．ゆえに，修理工を 2 人おけば，2 日以内に故障した自動車の修理は完了します． ■

4.6 実際に待たされた客の平均待ち時間

待ち行列モデルで求めた平均待ち時間と客が実感する待ち時間との間には相当大きい違いがあることが多々あります．客が実感する待ち時間は，待たされなかった客の分を考慮しないのが普通であるので，利用率が低い場合には，待ち行列モデルで求めた平均待ち時間と客の実感とでは大きな差が生じます．

$M/M/1$ モデルにおいて，客の待ち時間を w とすると，w は確率変数で，その確率密度関数は

$$h(t) = \lambda(1-\rho)e^{-\mu(1-\rho)t}, \quad t \geqq 0$$

で与えられるので，平均待ち時間は

$$W_q = \int_0^\infty th(t)dt = \frac{1}{\lambda} \cdot \frac{\rho^2}{1-\rho} = \frac{\lambda}{\mu(\mu-\lambda)} \tag{4.19}$$

です．一方，待たされた客の待ち時間の確率密度関数は

$$k(t) = \mu(1-\rho)e^{-\mu(1-\rho)t} = (\mu-\lambda)e^{-(\mu-\lambda)t}, \quad t \geqq 0$$

で与えられるので，実際に待たされた客の平均待ち時間は

$$\widetilde{W}_q = \int_0^\infty tk(t)dt = \frac{1}{\mu-\lambda} \tag{4.20}$$

で与えられます．式 (4.19), (4.20) を比較すると，$W_q = \rho/(\mu-\lambda)$ であるので，

$$\widetilde{W}_q = \frac{1}{\rho}W_q \tag{4.21}$$

を得ます．

例題 4.7 下脇デパートの住宅相談コーナーでは，1 人の相談員が来訪する客の相談に応じている．客は平均到着間隔が 60 分のポアソン到着で，客の相談時間は平均 30 分の指数分布に従っている．このとき，平均待ち時間 W_q と実際に待たされた客の平均待ち時間 $\widetilde{W}_q$ を求めよ．

解答 到着率，サービス率は

$$\lambda = \frac{1}{60} \text{人/分}, \quad \mu = \frac{1}{30} \text{人/分}$$

であるので，利用率は

$$\rho = \frac{\lambda}{\mu} = \frac{1}{2} < 1$$

です．よって，平均待ち時間は式 (4.19) より

$$W_q = 60 \times \frac{(1/2)^2}{1-1/2} = 30 \text{分}$$

であり，待たされた客の平均待ち時間は式 (4.20) より

$$\widetilde{W}_q = \frac{1}{1/30 - 1/60} = 60 \text{分}$$

または，式 (4.21) より

$$\widetilde{W}_q = 2 \times 30 = 60 \text{分}$$

です．このように，利用率（トラフィック密度）ρ が低いと，平均待ち時間 W_q と待たされた客の平均待ち時間 $\widetilde{W}_q$ との間には大きな差が生じます．多くの客は，待ち時間として $\widetilde{W}_q$

のほうを実感するので，現実の問題を扱うときには注意が必要です．■

4.7 $M/M/1$ モデルと $M/M/s$ モデルでの公式について

この節では，いままで使用してきた公式と数学的概念について解説します．必要のない読者は読み飛ばしてもかまいません．

$M/M/1$ モデルは，ポアソン到着，指数サービスで窓口が一つの待ち行列モデルであるので，まずポアソン到着と指数サービスを解説します．

4.7.1 ポアソン到着

ポアソン到着は客がでたらめに到着する法則で，つぎの三つの条件から導き出されます．

(1) 定常性：時間間隔 $(a, a+t)$ の間に客が k 人到着する確率は，すべての $a \geqq 0$ に対して同一である（すなわち，t と k にだけ依存する）．今後，この確率を $v_k(t)$ と書く．

(2) 残留効果がない（独立性）：時間間隔 $(a, a+t)$ に客が k 人到着する確率 $v_k(t)$ は，時刻 a までに客が何人きたか，またいつきたかには無関係である．すなわち，互いに重なり合わない時間間隔内での客の到着の仕方は，互いに独立である．

(3) 希少性：十分短い時間間隔の間に，客が 2 人以上到着する確率は無視できるくらい小さい．これを式で表現すると，

$$\psi(t) = \sum_{k=2}^{\infty} v_k(t)$$

とおいたとき（これは t 時間の間に客が 2 人以上到着する確率），

$$\lim_{t \to 0} \frac{\psi(t)}{t} = 0 \tag{4.22}$$

が成立することを要求している．式 (4.22) を満たす関数はすべて $o(t)$（スモールオーの t と読む）と書くことが普通である．すなわち，式 (4.22) と

$$\psi(t) = o(t) \tag{4.23}$$

は同値である．

客の到着が上述の三つの条件，定常性，独立性，希少性を満たせば，

$$v_k(t) = \frac{(\lambda t)^k}{k!} e^{-\lambda t}, \quad k = 0, 1, 2, \ldots \tag{4.24}$$

が成立します．ここで，$\lambda > 0$ は単位時間内に到着する客の平均数です．式 (4.24) の右辺は，パラメータ λt のポアソン分布であるので，この到着の法則をポアソン到着と

よびます.

ポアソン到着は，希少性を仮定しているので，客は1人ずつ独立にやってきます．そこで，ポアソン到着のとき，客の到着間隔の長さはどういう確率法則に従っているかを調べてみます．到着間隔の長さを T とすれば，T は確率変数でその確率密度関数を $f(t)$ とすると，

$$\int_t^{\infty} f(x)dx = P\{T > t\} = v_0(t) = e^{-\lambda t}$$

が成り立ちます．なぜなら，到着間隔が t 時間以上であるので，t 時間の間には客は誰も到着していないので，上式が成り立ちます．よって，上式の両辺を t で微分すると，

$$f(t) = \lambda e^{-\lambda t}, \quad t \geqq 0$$

を得ます．確率密度関数が上式で与えられる分布は指数分布とよばれています．ゆえに，ポアソン到着の場合，客の到着間隔の長さは指数分布に従っています.

4.7.2 ポアソン到着が「でたらめな到着」といわれる理由

ポアソン到着が別名「でたらめな到着」といわれる理由は，指数分布がもつ性質「マルコフ性」または「無記憶性」からです.

ポアソン到着の場合，到着間隔の長さ T は指数分布に従っているので，

$$P\{T \leqq t\} = \int_0^t f(x)dx = 1 - e^{-\lambda t} \tag{4.25}$$

が成り立ちます．一方，前の客が到着してからすでに s 時間経ってまだつぎの客が到着していないが，これから t 時間の間に客が到着する確率は

$$\begin{aligned} P\{T \leqq s+t | T > s\} &= \frac{P\{s < T \leqq s+t\}}{P\{T > s\}} = \frac{\int_s^{s+t} f(x)dx}{\int_s^{\infty} f(x)dx} \\ &= \frac{e^{-\lambda s} - e^{-\lambda(s+t)}}{e^{-\lambda s}} = 1 - e^{-\lambda t} \end{aligned} \tag{4.26}$$

です†．したがって，式 (4.25), (4.26) より

$$P\{T \leqq t\} = P\{T \leqq s+t | T > s\} \tag{4.27}$$

が成り立ちます．すなわち，T が指数分布に従っていれば，前の客が到着してから t 時間の間に客が到着する確率 $P\{T \leqq t\}$ と，前の客が到着してからすでに s 時間経過していて，まだ客が到着していないが，これから t 時間の間に客が到着する確率 $P\{T \leqq s+t | T > s\}$ が等しいことがわかります．つまり，これから t 時間の間に客

† $P\{B|A\}$ は，事象 A が起こったときに事象 B が起こる条件付き確率です.

が到着する確率は，いままでどのくらいの間客が到着していないかには無関係であるということです．簡単にいうと，過去の履歴には影響されないということです．この性質を指数分布の**マルコフ性**（または**無記憶性**）といい，この性質ゆえにポアソン到着は「**でたらめな到着**」とよばれています．

4.7.3 指数サービス

指数サービスは，客のサービス時間の長さが指数分布に従うサービスです．すなわち，サービス時間の長さを S とし，S の確率密度関数を $g(t)$ とすれば，

$$P\{S \leqq t\} = \int_0^t g(x)dx = 1 - e^{-\mu t}$$

が成り立ちます．ここで，$\mu > 0$ はサービス率（単位時間あたりにサービスすることができる客の平均数，または $1/\mu$ は平均サービス時間）です．

指数サービスの場合，$t = 0$ でシステムの中に N 人の客がいて，これから客が到着することなく，客のサービスが終了したらシステムから去っていくとき，客の去り方はどのようになるでしょうか．ポアソン到着のときの解析より，その去り方に対しても，定常性，独立性，希少性が成り立っていることがわかります．

4.7.4 $M/M/1$ モデルの公式

時刻 t の時点でシステムに客が何人いるでしょうか．また，客がシステムに到着してからサービスを受けるまでどのくらい待たなければならないのでしょうか．これらシステムの中の人数や待ち時間などの量を計算するには，時刻 t にシステムの中にいる客の数（系内数）が n 人である確率 $P_n(t)$ がわかればよいです．この $P_n(t)$ を時刻 t での**状態確率**といいます．

利用率（トラフィック密度）$\rho = \lambda/\mu$ が 1 より小さければ，t を十分大きくすると，状態確率 $P_n(t)$ は時刻 0 でのシステムの状態に関係なく一定の値 P_n に近づきます．すなわち，$\rho < 1$ であれば，$\lim_{t\to\infty} P_n(t) = P_n$ でかつ

$$P_n = \rho^n(1-\rho), \quad n = 0, 1, 2, \ldots \tag{4.28}$$

を得ます（$P_n(t)$ は第 1 種の変形ベッセル関数を用いて求めることができますが，非常に複雑です）．式 (4.28) で与えられる $\{P_n\}_{n=0}^{\infty}$ を**定常分布**とよび，定常分布が存在するような状態を**平衡状態**といい，$\rho < 1$ を**平衡条件**といいます．式 (4.28) において，$n = 0$ とすると $\rho = 1 - P_0$ を得ます．$1 - P_0 = \sum_{n=1}^{\infty} P_n$ はシステムに客のいる確率であるので，ρ は利用率とよばれています．

つぎに，$M/M/1$ モデルにおいて，平衡状態での待ち行列に関する統計量を以下で

求めます．

(1)　平均系内数 (L)：平衡状態において，系内数が n である確率は $P_n = \rho^n(1-\rho)$ ですから，平均系内数 L は

$$
\begin{aligned}
L &= \sum_{n=0}^{\infty} nP_n = \sum_{n=0}^{\infty} n\rho^n(1-\rho) = \rho(1-\rho)\sum_{n=0}^{\infty} n\rho^{n-1} \\
&= \rho(1-\rho)\frac{d}{d\rho}\left(\sum_{n=0}^{\infty}\rho^n\right) = \rho(1-\rho)\frac{d}{d\rho}\left(\frac{1}{1-\rho}\right) \\
&= \rho(1-\rho)\frac{1}{(1-\rho)^2} = \frac{\rho}{1-\rho}
\end{aligned}
$$

で与えられます．ゆえに，次式を得ます．

$$
L = \frac{\rho}{1-\rho} = \frac{\lambda}{\mu-\lambda} \tag{4.29}
$$

(2)　待っている客の平均数 (L_q)：系内数が n ならば，そのうち 1 人はサービスを受けていて，残りの $(n-1)$ 人がサービスを受けるために待っているので，

$$
\begin{aligned}
L_q &= \sum_{n=1}^{\infty}(n-1)P_n = \sum_{n=1}^{\infty} nP_n - \sum_{n=1}^{\infty} P_n \\
&= L_q - (1-P_0) = L_q - \rho = \frac{\rho}{1-\rho} - \rho = \frac{\rho^2}{1-\rho}
\end{aligned}
$$

であるので，次式を得ます．

$$
L_q = \frac{\rho^2}{1-\rho} = \frac{\lambda^2}{\mu(\mu-\lambda)} \tag{4.30}
$$

(3)　平均滞在時間 (W)：客がシステムに到着してからサービスを受けてシステムを去るまでに，平均 W 時間を費やします．この W 時間の間に単位時間あたり平均 λ 人の客がシステムに到着するはずですから，その客がシステムを去るときには，システムの中に λW 人の客がいるはずです．よって，

$$
L = \lambda W \tag{4.31}
$$

が成立しているはずです．式 (4.31) は，ごく一般の仮定のもとで成立することが知られています．よって，次式が成り立ちます．

$$
W = \frac{1}{\lambda}L = \frac{1}{\mu-\lambda} \tag{4.32}
$$

(4)　平均待ち時間 (W_q)：式 (4.31) と同様にして，

$$
L_q = \lambda W_q \tag{4.33}
$$

も成立するので，

$$W_q = \frac{1}{\lambda} L_q = \frac{\lambda}{\mu(\mu - \lambda)} \tag{4.34}$$

を得ます．$1/\mu$ は平均サービス時間であるので，次式が成立することは明らかです．

$$W = W_q + \frac{1}{\mu} \tag{4.35}$$

(5)　待たなければならない確率 $(P\{w > 0\})$：窓口は一つであるので，系内数が 1 以上であれば，つぎにきた客は待たなければならないので，次式を得ます．

$$P\{w > 0\} = \sum_{n=1}^{\infty} P_n = 1 - P_0 = \rho = \frac{\lambda}{\mu} \tag{4.36}$$

4.7.5　$M/M/s$ モデルの公式

ここでは，複数窓口のモデル $M/M/s$ モデルに関する公式を求めます．

(1)　定常分布：$M/M/s$ の待ち行列は，客の到着が到着率 λ のポアソン到着で，おのおのがサービス率 μ の指数サービスである s 個の窓口が並列に並んでいる複数窓口の待ち行列モデルです．$M/M/s$ モデルでは，

$$\rho = \frac{\lambda}{s\mu} = \frac{a}{s} \quad \left(a = \frac{\lambda}{\mu} \right)$$

が 1 より小さいとき，定常分布が存在します．すなわち，$\rho < 1$ のときには，$t \to \infty$ のとき時刻 t での状態確率 $P_n(t)$ が，時刻 0 でのシステムの状態に関係なく一定の値 P_n に近づき，定常分布 $\{P_n\}_{n=0}^{\infty}$ は，次式で与えられます．

$$P_n = \begin{cases} \dfrac{a^n}{n!} P_0, & 0 \leqq n \leqq s \\ \dfrac{a^n}{s! s^{n-s}} P_0 = \dfrac{s^s \rho^n}{s!} P_0, & s \leqq n \end{cases} \tag{4.37}$$

$$P_0 = \frac{1}{\displaystyle\sum_{n=0}^{s-1} \frac{a^n}{n!} + \frac{a^s}{(s-1)!(s-a)}} \tag{4.38}$$

つぎに，定常分布を用いて，平衡状態における $M/M/s$ モデルでのいろいろな統計量を求めます．

(2)　待っている客の平均数 (L_q)：系内数が n である確率が P_n で，$n \leqq s$ のときは待っている客は 0 で，$n \geqq s$ のときは s 人の客がサービス中で，待っている客は $(n - s)$ 人です．よって，次式を得ます．

$$
\begin{aligned}
L_q &= \sum_{n=s}^{\infty}(n-s)P_n = \sum_{n=s}^{\infty}(n-s)\frac{s^s\rho^n}{s!}P_0 \\
&= \frac{a^{s+1}}{s\times s!}P_0\sum_{n=s}^{\infty}(n-s)\rho^{n-s-1} = \frac{a^{s+1}}{s\times s!}P_0\frac{d}{d\rho}\left(\sum_{n=0}^{\infty}\rho^n\right) \\
&= \frac{a^{s+1}}{s\times s!}\cdot\frac{1}{(1-\rho)^2}P_0 = \frac{a^{s+1}}{(s-1)!(s-a)^2}P_0 \\
&= \frac{\lambda\mu\,(\lambda/\mu)^s}{(s-1)!(s\mu-\lambda)^2}P_0
\end{aligned}
\tag{4.39}
$$

(3)　平均系内数 (L)：平均系内数 L は

$$
\begin{aligned}
L &= \sum_{n=0}^{\infty}nP_n = \sum_{n=1}^{s}nP_n + \sum_{n=s+1}^{\infty}sP_n + \sum_{n=s+1}^{\infty}(n-s)P_n \\
&= \sum_{n=1}^{s}n\cdot\frac{a^n}{n!}P_0 + \sum_{n=s+1}^{\infty}s\cdot\frac{s^s\rho^n}{s!}P_0 + L_q \\
&= aP_0\sum_{n=1}^{s}\frac{a^{n-1}}{(n-1)!} + \frac{s^s}{(s-1)!}P_0\sum_{n=s+1}^{\infty}\rho^n + L_q \\
&= aP_0\left\{\sum_{n=0}^{s-1}\frac{a^n}{n!} + \frac{a^s}{(s-1)!(s-a)}\right\} + L_q = a + L_q
\end{aligned}
$$

であるので，

$$
L = L_q + a = L_q + \frac{\lambda}{\mu} \tag{4.40}
$$

を得ます．この式は，$M/M/1$ モデルの場合と同じです．

(4)　平均待ち時間 (W_q) **と平均滞在時間** (W)：$M/M/1$ モデルのときと同様にして，ごく一般の条件のもとで

$$
L_q = \lambda W_q, \quad L = \lambda W
$$

が成立しているので，次式が成り立ちます．

$$
W_q = \frac{1}{\lambda}L_q = \frac{\mu\,(\lambda/\mu)^s}{(s-1)!(s\mu-\lambda)^2}P_0 \tag{4.41}
$$

$$
W = \frac{1}{\lambda}L = \frac{1}{\lambda}\left(L_q + \frac{\lambda}{\mu}\right) = W_q + \frac{1}{\mu} \tag{4.42}
$$

(5)　待たなければならない確率 $(P\{w>0\})$：$M/M/s$ のとき，窓口は s 個あるので，客が到着したときに系内数が s 以上であれば，その客は待たなければなりません．よって，

$$P\{w>0\}=\sum_{n=s}^{\infty}P_n=\sum_{n=s}^{\infty}\frac{s^s\rho^n}{s!}P_0$$
$$=\frac{s^s\rho^s}{s!(1-\rho)}P_0=\frac{a^s}{(s-1)!(s-a)}P_0$$

を得ます．ゆえに，次式が成り立ちます．

$$P\{w>0\}=\frac{a^s}{(s-1)!(s-a)}P_0=\frac{\mu\,(\lambda/\mu)^s}{(s-1)!(s\mu-\lambda)}P_0 \tag{4.43}$$

演習問題 ………… 4章

4.1　例題 4.1 において，来店する客の割合が，1 時間あたり平均 4 人のポアソン到着で，その他の条件は例題 4.1 と同じであるとき，例題 4.1 で求めた統計量を計算せよ．

4.2　池田医院では，医者が 1 人で患者の診察に当たっている．患者は毎時平均 5 人のポアソン到着で到着し，患者の平均診察時間は 10 分である．このとき，サービス時間は平均 10 分の指数分布に従っているとして，患者の平均待ち時間を計算せよ．

4.3　問題 4.2 の池田医院において，診察時間が 5 分から 15 分の間で一様分布に従っていて，その他の条件は問題 4.2 と同じであるとき，平均待ち時間を求めよ．

4.4　問題 4.2 の池田医院の問題で，実際に待たされた患者の平均待ち時間 $\widetilde{W}_q$ を求めよ．

4.5　長尾工業では，工場で使用している機械が故障したら，工場内の修理室で修理している．修理は先着順に実施され，修理工の能力はすべて同じで，故障した機械は 1 人の修理工で修理される．修理室への機械の到着は，1 日あたり平均 3 台のポアソン到着で，平均修理時間は 1/3 日である．平均修理時間が平均 1/3 日の指数分布に従うとき，故障している機械を高々 1.2 台にするには修理工は何人必要か．

4.6　問題 4.5 の長尾工業で，修理時間が 1/6 日と 1/2 日の間で一様分布しているとき，故障している機械を高々 1.2 台にするには修理工は何人必要か．その他の条件は問題 4.5 と同じとする．

4.7　問題 4.5 の長尾工業で，故障した機械が 2/5 日以内に修理されるためには，修理工は何人必要か．

5章 在庫管理 —— 合理的な管理で費用を抑える

メーカーの倉庫には，製品をつくるためにいろいろな部品が保管してあります．部品の在庫量が少なすぎると，製品がスムーズに生産できなくなります．一方，在庫量が多すぎると，それを維持するために多くの費用が必要となります．したがって，需要に対して品切れが生じない程度に在庫量は少ないほうがよいです．このように，在庫量を合理的に管理することによって，多くの費用を節約することができます．

本章では，在庫管理のいくつかの数学モデルの定式化とその解法や，いくつかの在庫管理方式について解説します．

5.1 経済発注量 —— もっとも経済的な発注量

5.1.1 ウィルソンのロット公式

つぎの基本問題では，需要が一定の場合に，もっとも経済的な発注量を決定する問題を考えます．

[基本問題 5.1] 部品 A は，毎日の使用量（需要）が一定で，年間需要量は R 個である．部品 A を 1 年間保管しておくためにかかる費用は，1 個あたり a 円で，部品 A を発注するのにかかる費用は，発注量に関係なく 1 回あたり b 円である．このとき，毎回の発注量をどのくらいにしたら費用は最小ですむか．ただし，発注量は毎回同じとする．

〈解説〉 毎回の発注量を x 個とすれば，在庫量の変動は図 5.1 のようになります．

毎回の発注量が x のとき，年間の**在庫管理費用**を $T(x)$ とすれば，$T(x)$ は**保管費**

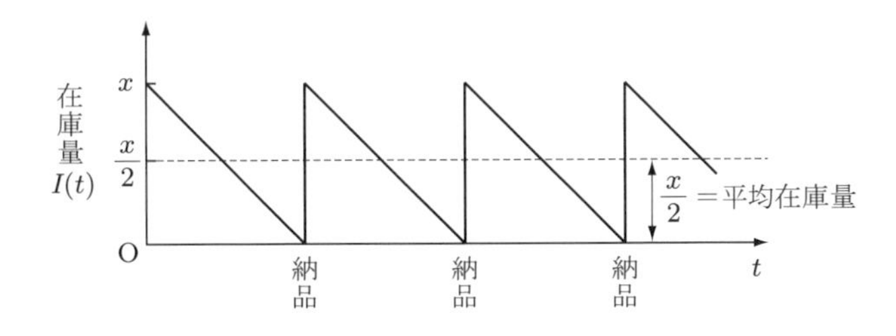

図 5.1 在庫量の変化

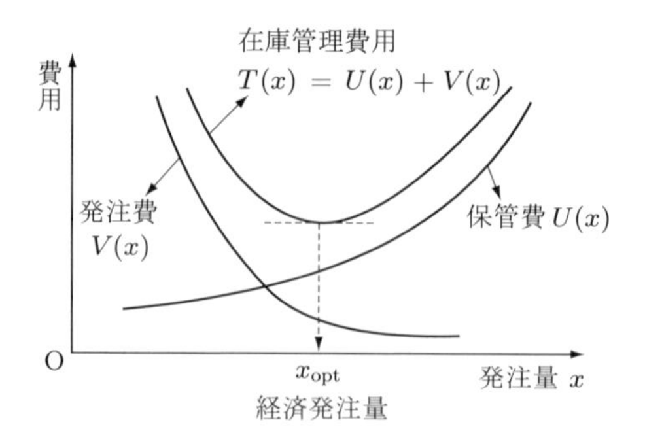

図 5.2　在庫に関する費用

$U(x)$ と**発注費** $V(x)$ の和で与えられます．x を小さくすれば，在庫量は少なくすみますが，年間の発注回数は多くなります．x を大きくすれば，在庫量は多くなりますが，一方発注回数は少なくてすみます．ゆえに，費用に関しては図 5.2 のようになります．この図より，在庫管理費用 $T(x)$ を最小にする**経済発注量** x_{opt} は，$dT(x)/dx = 0$ より求められます．

発注量が x のとき，平均在庫量は $x/2$ であるので，保管費 $U(x)$ は

$$U(x) = a \times \frac{x}{2} \tag{5.1}$$

であり，年間の発注回数は R/x 回であるので，発注費 $V(x)$ は

$$V(x) = b \times \frac{R}{x} \tag{5.2}$$

です．よって，在庫管理費用は

$$T(x) = U(x) + V(x) = \frac{ax}{2} + \frac{bR}{x} \tag{5.3}$$

であるから，経済発注量 x_{opt} は

$$\frac{dT(x)}{dx} = \frac{a}{2} - \frac{bR}{x^2} = 0$$

より求められるので，

$$x_{\text{opt}} = \sqrt{\frac{2bR}{a}} \tag{5.4}$$

で与えられます．式 (5.4) を**ウィルソンのロット公式** (Wilson's economic lot size) といいます．

□

現実の問題では，**保管費率**（1 円の在庫品に対する年間の保管費用の率）を用いることが多いので，つぎの例題を解きます．

例題 5.1 部品 A は，毎日の使用量（需要）が一定で，年間の総需要量は R 個である．部品 A の購入単価は p 円で，保管費率が $100i\,[\%]$ で，かつ 1 回の発注費用は発注量に関係なく b 円のとき，経済発注量 x_{opt} を求めよ．

解答 部品 A を 1 年間保管するためにかかる費用 a は

$$a = p \times i$$

であるので，ウィルソンのロット公式より，経済発注量は次のようになります．

$$x_{\text{opt}} = \sqrt{\frac{2bR}{pi}} \tag{5.5}$$

■

5.1.2 新聞売り子の問題

つぎの例題は，「**新聞売り子の問題**」とよばれているタイプの問題の一つです．

[基本問題 5.2] 浅尾君は野球場で弁当を売っている会社の販売責任者である．過去 100 試合の弁当需要は図 5.3 で与えられている．この中には，品切れで売り損ねた個数も含まれている．弁当は 1 個売れると 400 円もうかるが，逆に 1 個売れ残ると 600 円の損になる．工場へ何個発注したらもうけが最大になるだろうか．ただし，工場への発注は 500 個を 1 単位とする．

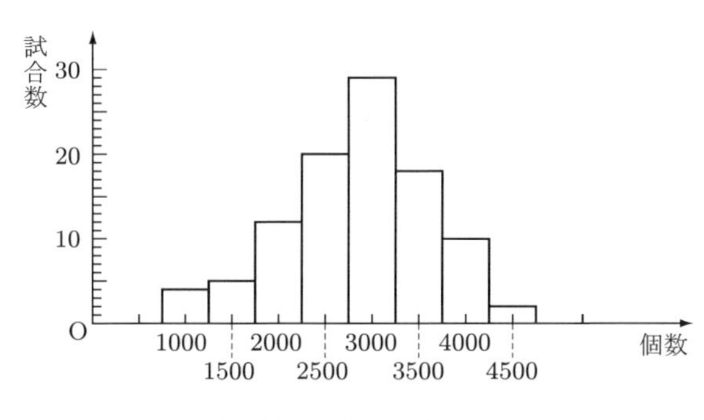

図 5.3 ヒストグラム

〈解説 1〉 図 5.3 は，過去 100 試合の弁当を買いにきた客の動向を表しています．これを需要のヒストグラムといい，正規化したもの（グラフの高さの和を 1 にしたもの）（図 5.4）を需要分布といいます．ただし，図 5.4 では，y は 1 単位が弁当 500 個に相当する量です．このとき，$\{p(y)\}_{y=0}^{\infty}$ を弁当の需要分布といい，$p(y)$ を確率関数とい

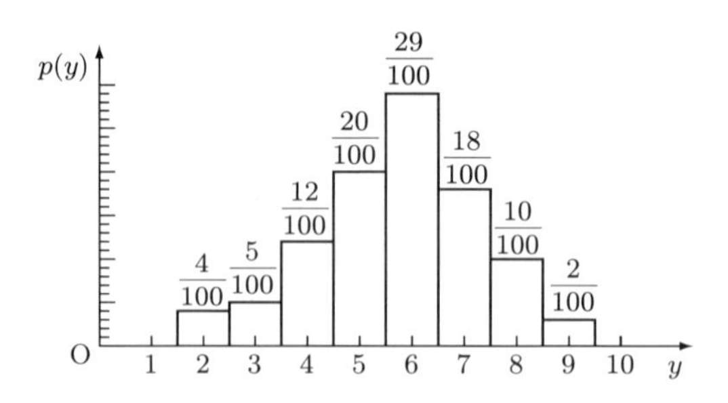

図 5.4　弁当の需要分布

います．明らかに，図 5.4 では，$y \leqq 1$, $y \geqq 10$ のときは $p(y) = 0$ と解釈します．

さて，弁当が 1 個売れたときのもうけが a 円，逆に 1 個売れ残ったときには b 円の損とすれば，経済発注量 x_{opt}（もうけを最大にする発注量）は，

$$\begin{cases} \displaystyle\sum_{y=0}^{x-1} p(y) \leqq \frac{a}{a+b} \\ \displaystyle\sum_{y=0}^{x} p(y) \geqq \frac{a}{a+b} \end{cases} \tag{5.6}$$

の解です．この公式については，後述の〈解説 2〉のところでくわしく説明します．この問題では，$a = 400$, $b = 600$ であるから，

$$\frac{a}{a+b} = \frac{400}{1000} = \frac{40}{100}$$

です．一方，分布関数 $F(x) = \sum_{y=0}^{x} p(y)$ を求めると，図 5.5 のようになります．

ところで，

$$F(0) = 0, \quad F(1) = 0, \quad F(2) = \frac{4}{100}, \quad F(3) = \frac{9}{100}, \quad F(4) = \frac{21}{100},$$

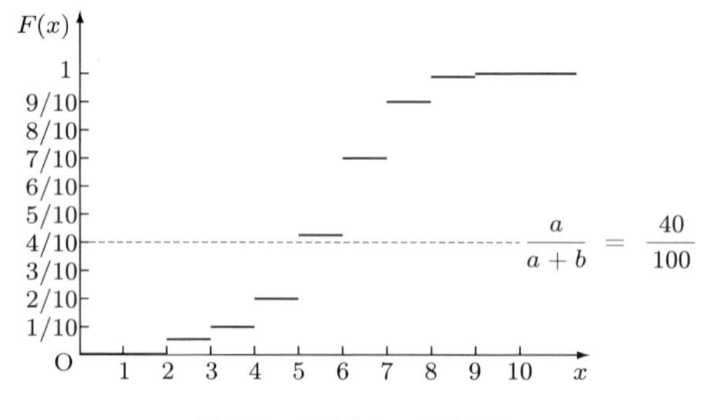

図 5.5　需要分布の分布関数

$$F(5)=\frac{41}{100},\quad F(6)=\frac{70}{100},\quad F(7)=\frac{88}{100},\quad F(8)=\frac{98}{100},\quad F(9)=1$$

です．ゆえに，$a/(a+b)$ を $F(x)$ がはじめて超える点は $x=5$ であるので，経済発注量 $x_{\mathrm{opt}}=5$ であり，弁当 2500 個を発注するともうけは最大になります． □

〈解説 2〉 弁当の需要分布が $\{p(y)\}_{y=0}^{\infty}$ で，弁当が 1 個売れたときの利益が a 円，逆に 1 個売れ残ったときの損が b 円のときに，経済発注量 x_{opt} を求めましょう．

弁当を x 単位発注したときの期待利益を $E(x)$ と書きます．もし，弁当の需要が y 単位で発注量 x よりも少なければ，すなわち $y \leqq x$ ならば，利益は $ay-b(x-y)$ であり，需要 y のほうが発注量 x よりも多い場合には，発注量はすべて売れて，しかし $(y-x)\times 500$ 人の客は品切れに遭遇しています．よって，$y \geqq x$ のときの利益は ax です．以上から，発注量が x，需要が y のときの利益 $e(x,y)$ は

$$e(x,y)=\begin{cases} ay-b(x-y), & y\leqq x \\ ax, & y \geqq x \end{cases} \tag{5.7}$$

です．需要は確率分布 $\{p(y)\}_{y=0}^{\infty}$ に従っているので，発注量が x のときの期待利益は

$$\begin{aligned} E(x) &= \sum_{y=0}^{\infty} e(x,y)p(y) \\ &= \sum_{y=0}^{x-1}\{ay-b(x-y)\}p(y)+\sum_{y=x}^{\infty} axp(y) \qquad (5.8)\\ &= \sum_{y=0}^{x}\{ay-b(x-y)\}p(y)+\sum_{y=x+1}^{\infty} axp(y) \qquad (5.9) \end{aligned}$$

で与えられます．後のために，$E(x)$ の表現は 2 通りにしてあります．

つぎに，$E(x)$ を最大にする経済発注量 x_{opt} を求めましょう．発注量 x が小さいと品切れが発生するので，発注量をより多くしたほうが $E(x)$ を大きくすることができますが，逆に大きくしすぎると売れ残りが発生して $E(x)$ が小さくなってしまうので，$E(x)$ は図 5.6 のようになります．

図からわかるように，経済発注量 x_{opt} は

$$\begin{cases} E(x)-E(x-1)\geqq 0 \\ E(x+1)-E(x)\leqq 0 \end{cases} \tag{5.10}$$

の解です．すなわち，差分 $\Delta E(x)=E(x+1)-E(x)$ が正から負に変わる点が $E(x)$ を最大にする点です．なぜなら，差分 $\Delta E(x)$ は発注量を x から 1 単位増やして $x+1$ に

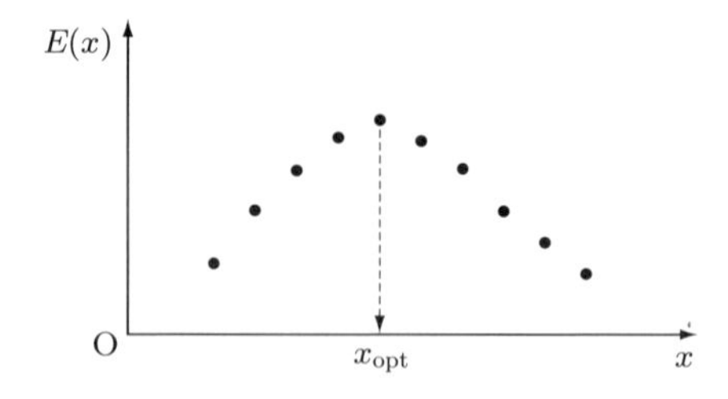

図 5.6 発注量と期待利益の関係

したときに，期待利益がどのくらい変化するかを表しています．よって，差分が正である間は，発注量を増やしたほうが期待利益が大きくなるので，$E(x)$ を最大にする点は，差分 $\Delta E(x)$ が正から負に変わる点です（x が連続量であれば，導関数 $dE(x)/dx = 0$ を満たす点が $E(x)$ を最大にします）．

つぎに，式 (5.10) を a, b と需要分布の確率関数 $p(y)$ を用いて表現しましょう．式 (5.9) において，x のかわりに $x-1$ を代入すれば

$$E(x-1) = \sum_{y=0}^{x-1} \{ay - b(x-1-y)\}p(y) + \sum_{y=x}^{\infty} a(x-1)p(y)$$

であるので，式 (5.8) から上式を引くと

$$E(x) - E(x-1) = \sum_{y=0}^{x-1} -bp(y) + \sum_{y=x}^{\infty} ap(y)$$

であり，$\sum_{y=0}^{\infty} p(y) = 1$ であるので，

$$\begin{aligned} E(x) - E(x-1) &= -b\sum_{y=0}^{x-1} p(y) + a\left\{1 - \sum_{y=0}^{x-1} p(y)\right\} \\ &= -(a+b)\sum_{y=0}^{x-1} p(y) + a \qquad (5.11) \end{aligned}$$

です．よって，$E(x) - E(x-1) \geqq 0$ は

$$\sum_{y=0}^{x-1} p(y) \leqq \frac{a}{a+b}$$

と表現できます．式 (5.11) において，x のかわりに $x+1$ を代入すると，

$$E(x+1) - E(x) = -(a+b)\sum_{y=0}^{x} p(y) + a$$

を得るので，$E(x+1) - E(x) \leqq 0$ は

$$\sum_{y=0}^{x} p(y) \geqq \frac{a}{a+b}$$

と表現できます．よって，経済発注量 x_{opt} は，

$$\sum_{y=0}^{x-1} p(y) \leqq \frac{a}{a+b} \leqq \sum_{y=0}^{x} p(y) \tag{5.12}$$

の解です．$\sum_{y=0}^{\infty} p(y) = 1$ であるので，上式は

$$\sum_{y=x}^{\infty} p(y) \geqq \frac{b}{a+b} \geqq \sum_{y=x+1}^{\infty} p(y) \tag{5.13}$$

と表現してもよいです．□

基本問題 5.2 では，品切れが生じた場合に損失を考えませんでしたが，せっかく客が買いにきてくれたのに，品物がないために売る機会をみすみす逃がしているのですから，これを損失と考えることもあります．これを**機会損失**または**品切れ損失**といいます．

例題 5.2 品切れが多く発生すると，弁当を持参してくる客が多くなり，弁当の売れ行きにも影響が出るので，浅尾君は機会損失費用も考えることにした．浅尾君はいろいろなデータから，機会損失費用を 1 個あたり 200 円と推定した．その他の条件は基本問題 5.2 と同じのとき，経済発注量 x_{opt} はいくつになるか．

解答 弁当の需要分布の確率関数が $p(y)$ で，弁当は 1 個売れると a 円もうかりますが，1 個売れ残ると b 円の損であるとします．また，機会損失費用は 1 個あたり c 円であるとし，式 (5.12) と同様に解析すると，経済発注量 x_{opt} は

$$\sum_{y=0}^{x-1} p(y) \leqq \frac{a+c}{a+b+c} \leqq \sum_{y=0}^{x} p(y) \tag{5.14}$$

の解です（後述の〈解説〉を参照）．この例題では，$a = 400,\ b = 600,\ c = 200$ であるので，

$$\frac{a+c}{a+b+c} = \frac{600}{1200} = \frac{50}{100}$$

です．よって，図 5.5 から

$$F(5) = \frac{41}{100} < \frac{a+c}{a+b+c} < \frac{70}{100} = F(6)$$

であるので，経済発注量は $x_{\mathrm{opt}} = 6$（弁当 3000 個）です．■

〈解説〉 式 (5.14) を導き出しましょう．期待利益 $E(x)$ は

$$E(x) = \sum_{y=0}^{x-1}\{ay - b(x-y)\}p(y) + \sum_{y=x}^{\infty}\{ax - c(y-x)\}p(y)$$
$$= \sum_{y=0}^{x}\{ay - b(x-y)\}p(y) + \sum_{y=x+1}^{\infty}\{ax - c(y-x)\}p(y)$$

で与えられるので，上式の下の式の x のかわりに $x-1$ を代入すると

$$E(x-1) = \sum_{y=0}^{x-1}\{ay - b(x-1-y)\}p(y) + \sum_{y=x}^{\infty}\{a(x-1) - c(y-x+1)\}p(y)$$

であるので，

$$E(x) - E(x-1) = \sum_{y=0}^{x-1} -bp(y) + \sum_{y=x}^{\infty}(a+c)p(y)$$

を得ます．ここで，$\sum_{y=0}^{\infty} p(y) = 1$ に着目すると，

$$E(x) - E(x-1) = -b\sum_{y=0}^{x-1}p(y) + (a+c)\left(1 - \sum_{y=0}^{x-1}p(y)\right)$$
$$= -(a+b+c)\sum_{y=0}^{x-1}p(y) + (a+c)$$

となります．ゆえに，$E(x) - E(x-1) \geqq 0$ は

$$\sum_{y=0}^{x-1}p(y) \leqq \frac{a+c}{a+b+c}$$

と表現でき，また，$E(x+1) - E(x) \leqq 0$ は

$$\sum_{y=0}^{x}p(y) \geqq \frac{a+c}{a+b+c}$$

と表現でき，式 (5.14) を得ます．

例題 5.3 石田農場では，しぼった牛乳の一部を自宅で売って，その他は組合に納めている．100 cc の牛乳を，自宅で売るときには 50 円で，組合に納めるときには 30 円で売っている．自宅で売れ残った牛乳は毎日捨てている．自宅で売れる量は，毎日 100 000 cc から 200 000 cc の間で一様分布している．また，組合へはいくらでも納めることが可能である．このとき，石田農場では，自宅で売るために何 cc

の牛乳を組合に納めずに確保しておけば利益が最大になるか．

解答 考えている対象が連続量であるので，商品の需要の動向は，確率密度関数 $f(y)$ の需要分布に従います．商品が 1 単位売れると a 円もうかりますが，逆に 1 単位売れ残ると b 円の損になるとき，利益を最大にする経済発注量 x_{opt} は

$$\int_0^x f(y)dy = \frac{a}{a+b} \tag{5.15}$$

の解となります．これは，後の〈解説〉で説明します．

さて，この例題では，確率密度関数 $f(y)$（100 cc を 1 単位として考えています）は，区間 $[1000, 2000]$ での一様分布であるから，

$$f(y) = \begin{cases} \dfrac{1}{1000}, & 1000 \leqq y \leqq 2000 \\ 0, & \text{その他} \end{cases}$$

です．組合へはいくらでも納めることが可能であるので，30 円は必ず得られ，自宅で売れると 50−30 円のもうけに，自宅で売れ残ると 30 円の損失になります．すなわち，$a = 50-30 = 20$, $b = 30$ です．ゆえに，式 (5.15) から，

$$\int_{1000}^x \frac{1}{1000}dy = \frac{20}{20+30} = \frac{2}{5}$$

を解けばよいです．すなわち，

$$\frac{x-1000}{1000} = \frac{2}{5}$$

から，経済発注量は $x_{\mathrm{opt}} = 1400$ です．よって，石田農場では，毎日 140 000 cc の牛乳を自宅で売るために確保しておけば，利益は最大になります． ■

〈解説〉 式 (5.15) を求めましょう．発注量が x で，需要が y のときの利益 $e(x, y)$ は式 (5.7) で与えられていて，需要 y は連続量で，確率密度関数 $f(y)$ に従っています．よって，発注量が x のときの期待利益 $E(x)$ は

$$\begin{aligned} E(x) &= \int_0^\infty e(x,y)f(y)dy \\ &= \int_0^x \{ay - b(x-y)\}f(y)dy + \int_x^\infty axf(y)dy \end{aligned}$$

で与えられます．ここで，$\displaystyle\int_0^\infty f(y)dy = 1$ であるので

$$E(x) = \int_0^x \{ay - b(x-y)\}f(y)dy + ax\left\{1 - \int_0^x f(y)dy\right\}$$

であるから，

$$E(x) = -(a+b)x\int_0^x f(y)dy + (a+b)\int_0^x yf(y)dy + ax \tag{5.16}$$

を得ます．

$E(x)$ のグラフは図 5.7 のようになるので，$E(x)$ を最大にする経済発注量 x_{opt} は，

$$\frac{dE(x)}{dx} = 0$$

の解です．よって，式 (5.16) より

$$\begin{aligned}\frac{dE(x)}{dx} &= -(a+b)\int_0^x f(y)dy - (a+b)xf(x) + (a+b)xf(x) + a \\ &= -(a+b)\int_0^x f(y)dy + a = 0\end{aligned}$$

であるので，経済発注量 x_{opt} は

$$\int_0^x f(y)dy = \frac{a}{a+b}$$

であり，式 (5.15) を得ます．

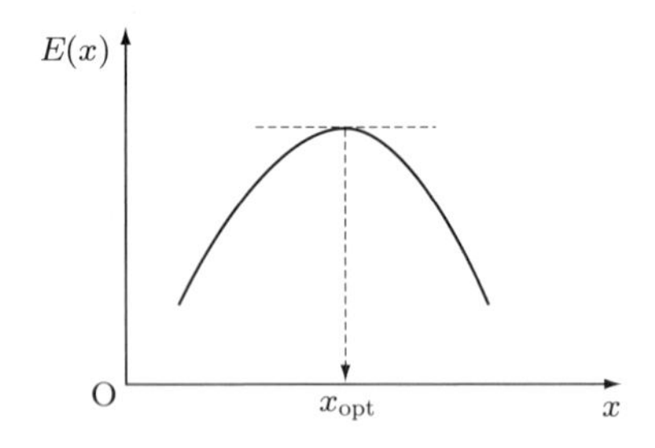

図 5.7　発注量と期待利益の関係

さらに，機会損失を考えるとき，すなわち機会損失費用が 1 単位あたり c 円のときには，経済発注量 x_{opt} は，同様の議論から

$$\int_0^x f(y)dy = \frac{a+c}{a+b+c} \tag{5.17}$$

の解となります．□

5.2 発注点法――どの在庫水準で発注するか

発注点法は，在庫量が一定の在庫水準（これを発注点といいます）にまで下がってきたら一定量の発注を行う在庫管理方式です．図を用いて説明しましょう．

図5.8において，在庫量が一定の水準(K)まで下がってきた点(図では，$\mathrm{A}_1, \mathrm{A}_2, \mathrm{A}_3, \mathrm{A}_4$)で一定量$Q$を発注します．そして，時点$\mathrm{A}_i$での発注が時点$\mathrm{B}_i$に納品されます．水準($K$)を**発注点** (ordering point) といい，発注してから納品されるまでの期間を**調達期間** (lead time) といいます．一般には調達期間は一定でないですが，ここでは調達期間は一定として考えます．

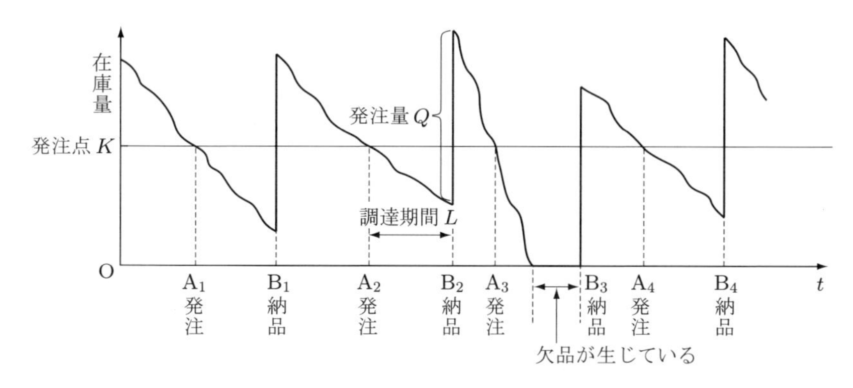

図 5.8 在庫量の変化

もし需要が一定ならば，発注点Kは1日の需要量μと調達期間Lを掛けた量にすればよいです．しかし，一般には需要は一定でないので，発注点を$K = \mu L$とすると，だいたい50%の割合で欠品が生じてしまいます．そこで一般には，発注点は

$$K = \mu L + S$$

で与えます．ここで，Sは**安全在庫**または**安全余裕** (safety allowance) といいます．それでは，安全在庫をどのくらいにすればよいでしょうか．

1日の需要量の平均がμ，分散がσ^2で，調達期間がL日のとき，欠品の生じる確率をα [%] 以内にするには，発注点を

$$K = \mu L + k(\alpha)\sigma\sqrt{L} \tag{5.18}$$

とすればよいです．ここで，$k(\alpha)$は**安全係数**とよばれ，表5.1で与えられています．

現実には，欠品の起こる確率を5%以内にすることが多いので，安全係数$k(\alpha)$は1.65として用いる場合が多いです．

1回の発注費が発注量に関係なくb円で，保管費が1個あたり年a円であるとき，毎

表 5.1 安全係数

α	1	2.5	5	6.7	10
$k(\alpha)$	2.33	1.95	1.65	1.5	1.28

回の発注量 Q を，5.1 節のウィルソンのロット公式 (5.4) から

$$Q = \sqrt{\frac{2\mu bc}{a}} \tag{5.19}$$

とすれば，在庫管理費用は最小となります．ここで，1 年間は c 日としています．

例題 5.4　ある製品の過去 6 か月間の需要のデータが表 5.2 で与えられている．調達期間が 2 か月で，品不足を起こす確率を 5%以内にするには，発注点はどのくらいにすべきか．

表 5.2　需要のデータ

月	1	2	3	4	5	6
需要量	145	158	148	155	142	152

解答　$\alpha = 5\%$であるので，表 5.1 より $k(\alpha) = 1.65$ であり，式 (5.18) より発注点 K が求められます．そのとき，1 か月間の需要の平均 μ と標準偏差 σ が必要であるので，データよりこれを推定します．

過去 n 期間の需要量のデータが，$x_1, x_2, \ldots, x_n$ のとき，平均 μ は

$$\widehat{\mu} = \frac{1}{n}\sum_{i=1}^{n} x_i = \overline{x} \quad \text{（標本平均）} \tag{5.20}$$

で推定され，標準偏差 σ は

$$\widehat{\sigma} = \frac{1}{c_2^*}\sqrt{\frac{1}{n-1}\sum_{i=1}^{n}(x_i - \overline{x})^2} \tag{5.21}$$

で推定されます（推定量は「^」をつけて表しています）．ただし，c_2^* は標本の大きさ n に関係する定数で不偏定数といい，表 5.3 で与えられます．

表 5.3　不偏定数

n	2	3	4	5	6	7	8	9	10	$n \to \infty$
c_2^*	0.798	0.886	0.921	0.940	0.952	0.959	0.965	0.969	0.973	$1 - \dfrac{1}{4n}$

需要量の平均 μ と標準偏差 σ の推定量を式 (5.20), (5.21) を用いて求めるために，補助表（表 5.4）を作成します．

表 5.4 から，

$$\widehat{\mu} = \overline{x} = \frac{900}{6} = 150$$

です．また，$n = 6$ であるので，$c_2^* = 0.952$ であるから，

表 5.4 補助表

i	x_i	$x_i - \overline{x}$	$(x_i - \overline{x})^2$
1	145	−5	25
2	158	8	64
3	148	−2	4
4	155	5	25
5	142	−8	64
6	152	2	4
合計	900	0	186

$$\widehat{\sigma} = \frac{1}{0.952}\sqrt{\frac{186}{5}} = 6.4$$

を得ます．よって，式 (5.18) より，発注点は次のようになります．

$$K = 150 \times 2 + 1.65 \times 6.4 \times \sqrt{2} = 315$$

■

例題 5.5 ある製品の過去 20 か月間の毎月の需要量が表 5.5 で与えられている．調達期間が 4 か月で，欠品を起こす確率を 10%以内にするには，発注点はいくつにすべきかを計算せよ．

表 5.5 需要量の変化

月	1	2	3	4	5	6	7	8	9	10
需要量	146	152	149	138	159	151	158	144	147	153

月	11	12	13	14	15	16	17	18	19	20
需要量	149	145	147	150	142	149	164	156	160	141

解答 需要量の平均と標準偏差の推定量を求めましょう．そのために，表 5.6 を作成します．

$\alpha = 10\%$であるので，表 5.1 より $k(\alpha) = 1.28$ です．また，$n = 20$ であるので，$c_2^* = 1$ と考えてよいです（表 5.3 より $c_2^* = 1 - 1/80 = 0.9875 \fallingdotseq 1$ です）．さらに，表 5.6 より

表 5.6 補助表

i	x_i	$x_i - \overline{x}$	$(x_i - \overline{x})^2$	i	x_i	$x_i - \overline{x}$	$(x_i - \overline{x})^2$	i	x_i	$x_i - \overline{x}$	$(x_i - \overline{x})^2$
1	146	−4	16	8	144	−6	36	15	142	−8	64
2	152	2	4	9	147	−3	9	16	149	−1	1
3	149	−1	1	10	153	3	9	17	164	14	196
4	138	−12	144	11	149	−1	1	18	156	6	36
5	159	9	81	12	145	−5	25	19	160	10	100
6	151	1	1	13	147	−3	9	20	141	−9	81
7	158	8	64	14	150	0	0	合計	3000	0	878

$$\widehat{\mu} = \overline{x} = \frac{3000}{20} = 150, \quad \widehat{\sigma} = \sqrt{\frac{878}{19}} = 6.8$$

であるので，発注点は式 (5.18) より次のようになります．

$$K = 150 \times 4 + 1.28 \times 6.8 \times \sqrt{4} = 617.4$$

■

別解 標準偏差 σ の推定量は式 (5.21) で求めるのが普通ですが，データ数が多い場合には，もっと簡単な方法が用いられる場合が多いです．それは，順序統計量の理論に基づいて，過去のデータの最大値と最小値の差に，データの数に関係する定数を掛けた量で標準偏差を推定します．すなわち，過去 n 期間のデータが $x_1, x_2, \ldots, x_n$ のとき，

$$x_{\max} = \max\{x_1, x_2, \ldots, x_n\}$$

（これは $x_1, x_2, \ldots, x_n$ の中でもっとも大きいもの）

$$x_{\min} = \min\{x_1, x_2, \ldots, x_n\}$$

（これは $x_1, x_2, \ldots, x_n$ の中でもっとも小さいもの）

を用いて，σ の推定量を

$$\widehat{\sigma} = c(n) \cdot (x_{\max} - x_{\min}) \tag{5.22}$$

で与えます．ここで，$c(n)$ はデータ数 n に関係する定数で，表 5.7 で与えられています．

表 5.7　定数 $c(n)$

n	2	3	4	5	6	7	8	9
$c(n)$	0.886	0.591	0.486	0.430	0.395	0.370	0.351	0.337

10	11	12	13	15	17	20
0.325	0.315	0.307	0.300	0.288	0.279	0.268

さて，この例題では

$$x_{\max} = 164, \quad x_{\min} = 138$$

であり，表 5.7 より $c(n) = 0.268$ であるので，

$$\widehat{\sigma} = 0.268 \times (164 - 138) = 7.0$$

です．よって，発注点は，式 (5.18) より次のようになります．

$$K = 150 \times 4 + 1.28 \times 7.0 \times \sqrt{4} = 617.9$$

■

5.3 定期発注法──発注量はどのくらいがよいか

定期発注法は，発注する期日をあらかじめ決めて発注を行う在庫管理方式です．前節の**発注点法**は，発注時期は固定せずに在庫量が一定水準（発注点）にまで下がってきたら発注を行い，発注量は一定です．これに対して定期発注法は，あらかじめ発注時期が決められていますが，発注量はそのたびごとに需要の予測を行って決めていきます．発注点法と定期発注法との比較は表 5.8 に示してあります．

表 5.8 発注法の比較

	発注点法	定期発注法
発注量	一定	不定
発注時期	不定	一定

定期発注法において，あらかじめ決められた発注間隔のことを**発注サイクル期間** (ordering cycle interval) といいます．図 5.9 では，定期発注法における在庫量の変動を示しました．

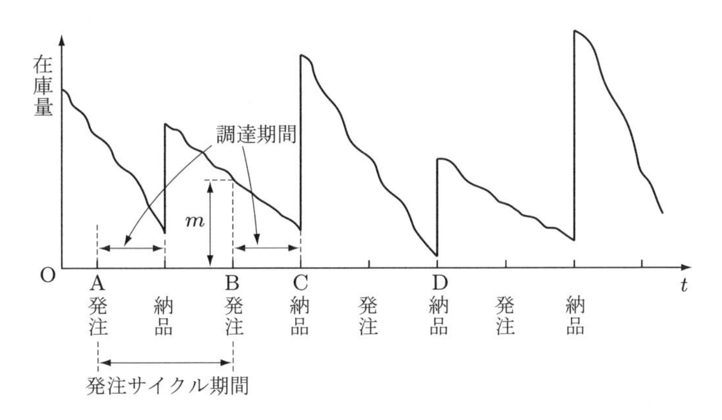

図 5.9 在庫量の変化

時点 A で発注量は，発注サイクル期間と調達期間を加えた期間（図 5.9 では，時間間隔 [A, C]）中の需要の予測量をもとにして決定されます．すなわち，定期発注法の場合には，発注量はつぎのように計算されます．

$$発注量 = ([発注サイクル期間 + 調達期間] の需要量の推定値) + (安全在庫) - (現在の在庫量) - (現在の発注残) \quad (5.23)$$

上式を図 5.9 を用いて説明すると，時点 B で発注する量は，時間間隔 [B, D] の間の需要量の推定値に安全在庫を加えて，それから時点 B での在庫量 m を引き，さらに発注済みであるがまだ納入されていない発注残高（図 5.9 では発注残はないが，調達期間が長い場合には起こりえます）を引いた量です．

式 (5.23) の第 1 項の推定値と第 2 項の安全在庫の求め方はいろいろありますが，もっとも簡単で実用的な方法を与えます．

発注サイクル期間を M，調達期間を L とし，単位期間あたりの需要量の平均 μ と標準偏差 σ を式 (5.20), (5.21) で推定し，それらを $\widehat{\mu}, \widehat{\sigma}$ とおきます．それらを用いて，$(M+L)$ 期間の需要量の推定値を

$$\widehat{\mu} \cdot (M+L) \tag{5.24}$$

で求め，安全在庫は次のように計算します．

$$\begin{aligned} \text{安全在庫} &= k(\alpha) \cdot \sqrt{M+L} \cdot \widehat{\sigma} \qquad (5.25) \\ &= \text{安全係数} \times \sqrt{\text{発注サイクル期間} + \text{調達期間}} \\ &\quad \times \text{需要の標準偏差} \end{aligned}$$

発注サイクル期間は，生産計画期間や管理サイクル期間に合わせて決定される場合もありますが，在庫管理システムを経済的に運用するには，多くの場合，各発注日の発注量が経済的な発注量単位で発注するような発注サイクル期間が望ましいです．経済的な発注量とは，5.1 節で述べたように，保管費用と発注費用がバランスした発注量であり，年間の平均需要量が R 個，1 個あたりの年間保管費が a 円，1 回あたりの発注費が b 円のとき，経済発注量 Q は

$$Q = \sqrt{\frac{2bR}{a}}$$

で与えられます（ウィルソンのロット公式）．よって，単位期間内の平均需要量を μ とすれば，経済発注サイクル期間（最適発注サイクル期間）M は，

$$M = \frac{Q}{\mu} = \frac{1}{\mu}\sqrt{\frac{2bR}{a}} \tag{5.26}$$

で与えられます．もし，1 年が c 単位期間ならば，$R = \mu c$ であるので，次式を得ます．

$$M = \sqrt{\frac{2bc}{a\mu}} \tag{5.27}$$

例題 5.6　発注サイクル期間が 2 か月，調達期間が 3 か月，発注残（発注したがまだ納品されていないもの）が 500 トン，現在の在庫量が 50 トンでかつ過去 7 か月間の需要のデータが表 5.9 で与えられているとき，今回の発注量はいくらにすべきかを計算せよ．ただし，安全係数は $k(\alpha) = 1.65$ とする．

表 5.9 需要量の変化

月	1	2	3	4	5	6	7
需要量	399	411	357	378	438	453	406

（単位：トン）

解答 式 (5.23)〜(5.25) を用いて，今回の発注量を計算します．そのために，補助表（表 5.10）をつくります．

表 5.10 補助表

i	x_i	$x_i - \bar{x}$	$(x_i - \bar{x})^2$
1	399	−7	49
2	411	5	25
3	357	−49	2401
4	378	−28	784
5	438	32	1024
6	453	47	2209
7	406	0	0
計	2842	0	6492

→ $\bar{x} = 406$

表 5.10 より，

$$\widehat{\mu} = \frac{2842}{7} = 406$$

であり，$n = 7$ であるので表 5.3 より $c_2^* = 0.959$ であるから，式 (5.21) より

$$\widehat{\sigma} = \frac{1}{0.959}\sqrt{\frac{6492}{6}} = 34.3$$

を得ます．ゆえに，今回の発注量は次のようになります．

$$\begin{aligned}\text{発注量} &= 406 \times (2+3) + 1.65 \times \sqrt{2+3} \times 34.3 - 50 - 500 \\ &= 2030 + 126.6 - 550 = 1606.6\,\text{トン}\end{aligned}$$

■

演習問題 5章

5.1 基本問題 5.2 の浅尾君の弁当販売会社では，近年コンビニで安い弁当を売っているので，販売する弁当を安くした．その結果，弁当は 1 個売れると 350 円もうかるが，逆に 1 個売れ残ると 500 円の損になる．その他の条件は，基本問題 5.2 と同じであるとき，経済発注量はどのくらいか．

5.2 例題 5.3 の石田農場での牛乳（100 cc を 1 単位とする）の需要分布の確率密度関数 $f(y)$

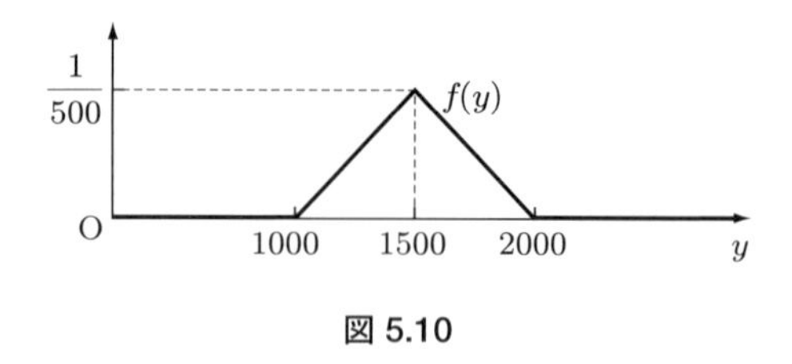

図 5.10

が図 5.10 であり，その他の条件は例題 5.3 と同じであるとき，経済発注量はどのくらいか.

5.3　ある製品の過去 8 か月間の需要のデータが表 5.11 で与えられている.

表 5.11

月	1	2	3	4	5	6	7	8
需要量	185	170	235	200	195	210	200	205

調達期間が 4 か月で，品不足を起こす確率を 10%以内にするには，発注点はいくつにすればよいか.

5.4　ある製品の発注サイクル期間と調達期間がともに 2 か月，発注残が 600 トン，現在の在庫量が 100 トンでかつ過去 8 か月間の需要が表 5.12 で与えられている．安全係数を $k(\alpha) = 1.65$ とするとき，今回の発注量はいくらにすべきか.

表 5.12

月	1	2	3	4	5	6	7	8
需要量	520	475	505	500	480	495	510	515

（単位：トン）

6章 組織分析 —— 回帰分析による予測

本章の目的は，企業業績が従業員の意識や満足度の高まりで説明できるかどうかを回帰分析を用いて検討することです．これに関しては，6.3 節で解説します．

回帰分析を説明するために，6.1 節では経済データを用いて線形回帰分析を解説します．

6.1 線形回帰分析

電力販売量を予測することは，日本という組織において重要です．電灯電力販売電力量 (y) と国内総生産 (x) のデータを集め，x–y 平面上にプロットしたのが図 6.1 です．このデータにもっともよくフィットする直線 $y = \alpha + \beta x$ が求められれば，たとえば国内総生産が 530 兆円になったときの電灯電力販売電力量がどのくらいになるかを，この直線を用いて予測することが可能です．

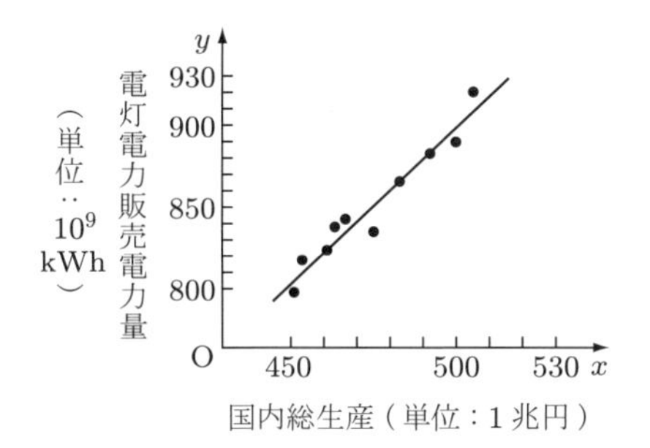

図 6.1 電力販売量†

データにもっともよくフィットする直線の傾き β と y–切片 α は，**最小 2 乗法**を用いて求めることができます．

n 個のデータ $(x_1, y_1), (x_2, y_2), \ldots, (x_n, y_n)$ が与えられているとします．このとき，求める直線を

† 電灯電力販売電力量については「電気事業便覧」（経済産業省資源エネルギー庁 電力・ガス事業部 監修，電気事業連合会 統計委員会 編）をもとに，国内総生産については「四半期別 GDP 速報」(内閣府) (http://www.esri.cao.go.jp/jp/sna/data/data_list/sokuhou/files/2017/qe173/gdemenuja.html) をもとに作成．

$$y = \alpha + \beta x \tag{6.1}$$

とおけば，この直線の y–切片 α と傾き β を最小 2 乗法より求めることになります．式 (6.1) が正しいとすれば，国内総生産が $x = x_i$ のときの電灯電力販売電力量は $\alpha + \beta x_i$ となるべきですが，実際に観測されている電灯電力販売電力量は y_i であるので，観測値 y_i と $\alpha + \beta x_i$ との差を誤差とよび，記号 ε_i で表現します．すなわち，

$$y_i = \alpha + \beta x_i + \varepsilon_i, \quad i = 1, 2, \ldots, n \tag{6.2}$$

であり，これを図示すれば，図 6.2 のようになります．

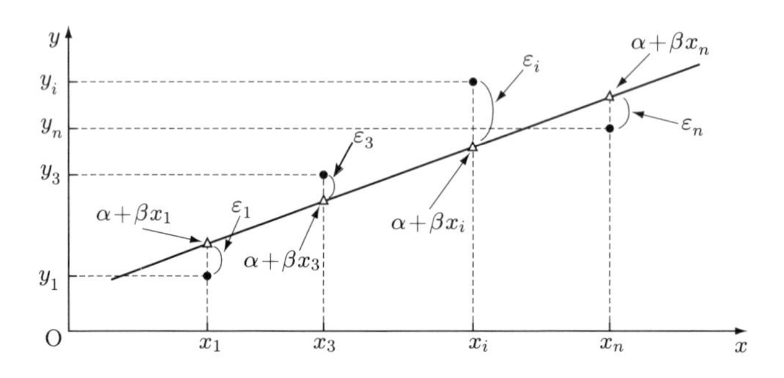

図 6.2　データの表現

最小 2 乗法は，誤差 $\varepsilon_1, \varepsilon_2, \ldots, \varepsilon_n$ の 2 乗の和を最小にするように α, β の値を定める方法です．すなわち，

$$Q(\alpha, \beta) = \sum_{i=1}^{n} \varepsilon_i^2 = \sum_{i=1}^{n} \{y_i - (\alpha + \beta x_i)\}^2 \tag{6.3}$$

を最小にするように α, β を定めるのが最小 2 乗法です．実際，$Q(\alpha, \beta)$ を最小にする α, β は

$$\widehat{\alpha} = \overline{y} - \widehat{\beta}\,\overline{x}, \quad \widehat{\beta} = \frac{S(x, y)}{S(x, x)} \tag{6.4}$$

で与えられます．ここで，

$$\begin{cases} \overline{x} = \dfrac{1}{n}\displaystyle\sum_{i=1}^{n} x_i, \quad \overline{y} = \dfrac{1}{n}\displaystyle\sum_{i=1}^{n} y_i \\ S(x, x) = \displaystyle\sum_{i=1}^{n} (x_i - \overline{x})^2, \quad S(x, y) = \displaystyle\sum_{i=1}^{n} (x_i - \overline{x})(y_i - \overline{y}) \\ S(y, y) = \displaystyle\sum_{i=1}^{n} (y_i - \overline{y})^2 \end{cases} \tag{6.5}$$

です．よって，求める直線は

$$\widehat{y} = \widehat{\alpha} + \widehat{\beta}x = \overline{y} + \widehat{\beta}(x - \overline{x}) \tag{6.6}$$

です．式 (6.6) は，x に対する y の**回帰式**または**回帰直線**とよばれています．

例題 6.1 過去 10 年間の実質国内総生産 (GDP) と電灯電力販売電力量が表 6.1 で与えられている．このとき，次の問いに答えよ．

(1) 国内総生産（x 兆円）に対する電灯電力販売電力量 ($y \times 10^9$ kWh) の回帰式を求めよ．
(2) 国内総生産が 530 兆円のとき，電灯電力販売電力量はどのくらいか予測せよ．
(3) 国内総生産が 530 兆円のとき，電灯電力販売電力量は確率 95%でどのくらいの範囲にあるか予測せよ．

表 6.1 電力販売量

i	1	2	3	4	5	6	7	8	9	10
国内総生産（×1 兆円）	450	453	464	461	466	475	483	493	500	505
電灯電力販売電力量 (×10^9 kWh)	799	817	838	824	841	834	865	883	889	920

解答 (1) 国内総生産を変数 x，電灯電力販売電力量を変数 y とし，表 6.1 を図に示すと図 6.1 になり，x と y の間には直線的関係が成立しているので，式 (6.4) を用いて x に対する y の回帰式を求めましょう．

表 6.2 と式 (6.4) より

$$\widehat{\beta} = \frac{S(x,y)}{S(x,x)} = \frac{6367}{3420} = 1.86$$

$$\widehat{\alpha} = \overline{y} - \widehat{\beta}\,\overline{x} = 851 - 1.86 \times 475 = -32.5$$

であるので，式 (6.6) より x に対する y の回帰式は次式となります．

$$\widehat{y} = -32.5 + 1.86x \tag{6.7}$$

(2) (1) で求めた回帰式 (6.7) を用いて，国内総生産が 530 兆円のときの電灯電力販売電力量を予測しましょう．式 (6.7) に $x = 530$ を代入すれば

$$\widehat{y} = -32.5 + 1.86 \times 530 = 953.3$$

であるので，国内総生産が 530 兆円のときの電灯電力販売電力量は 953.3×10^9 kWh

表 6.2　補助表

i	x_i	y_i	$x_i-\bar{x}$	$y_i-\bar{y}$	$(x_i-\bar{x})^2$	$(y_i-\bar{y})^2$	$(x_i-\bar{x})(y_i-\bar{y})$
1	450	799	−25	−52	625	2704	1300
2	453	817	−22	−34	484	1156	748
3	464	838	−11	−13	121	169	143
4	461	824	−14	−27	196	729	378
5	466	841	−9	−10	81	100	90
6	475	834	0	−17	0	289	0
7	483	865	8	14	64	196	112
8	493	883	18	32	324	1024	576
9	500	889	25	38	625	1444	950
10	505	920	30	69	900	4761	2070
計	4750	8510	0	0	3420	12572	6367

$$\bar{y}=\frac{8510}{10}=851$$

$$\bar{x}=\frac{4750}{10}=475$$

と予測されます．

(3) 国内総生産が 530 兆円のときの電灯電力販売電力量を一つの値で予測するのではなく，予測値に幅をもたせ，より確実に予測してみましょう．そのために，実際のデータが (1) で求めた回帰式 (6.7) のまわりにどう散らばっているかの尺度が必要です．その尺度として，式 (6.3) の最小値が用いられ，これを**残差平方和** (residual sum of squares (RSS)) といい，記号 S_e で表します．すなわち，残差平方和は

$$S_e=Q(\widehat{\alpha},\widehat{\beta})=\sum_{i=1}^{n}\{y_i-(\widehat{\alpha}+\widehat{\beta}x_i)\}^2$$

であり，$x=x_i$ のときの回帰式の値を $\widehat{y_i}$ とおけば

$$S_e=\sum_{i=1}^{n}(y_i-\widehat{y_i})^2=S(y,y)-\widehat{\beta}S(x,y) \tag{6.8}$$

と表現されます．そして，回帰分析の構造式 (6.2) の誤差項 ε の分散 σ^2 は

$$V_e=\frac{S_e}{n-2} \tag{6.9}$$

で推定されます．さらに，一般に $x=x_0$ のときの確率 95%の電灯電力販売電力量 y の予測区間は

$$\widehat{\alpha}+\widehat{\beta}x_0\pm t(n-2;0.05)\sqrt{\left\{1+\frac{1}{n}+\frac{(x_0-\bar{x})^2}{S(x,x)}\right\}V_e} \tag{6.10}$$

で与えられることが知られています．ここで，$t(n-2;0.05)$ は t–分布表（付表 7）から求めることができ，この問題では $n=10$ であるので，$t(8;0.05)=2.306$ となります．

表 6.2 と式 (6.8) より，残差平方和は

$$S_e = 12572 - 1.86 \times 6367 = 729.4$$

であるので，式 (6.9) より

$$V_e = \frac{729.4}{8} = 91.2$$

を得ます．ゆえに，式 (6.10) より，予測区間は

$$\begin{aligned} & 953.3 \pm 2.306\sqrt{\left\{1 + \frac{1}{10} + \frac{(530-475)^2}{3420}\right\} \times 91.2} \\ &= 953.3 \pm 2.306\sqrt{(1 + 0.1 + 0.885) \times 91.2} \\ &= 953.3 \pm 2.306 \times 13.45 = 953.3 \pm 31.0 \end{aligned}$$

であるので，国内総生産が 530 兆円のときの電灯電力販売電力量は，確率 95%で 922.3×10^9 kWh と 984.3×10^9 kWh の間であると予測することができます． ■

►注　① 例題 6.1 では，国内総生産（変数 x で表す）に対する電灯電力販売電力量（変数 y で表す）の回帰式を求め，それを用いて $x = 530$ のときの電灯電力販売電力量を予測したわけですが，y の変動のうち変数 x で何パーセント説明がつくかというと，それは寄与率 $r^2 \times 100$%で与えられます．ここで，r は標本相関係数で，

$$r = \frac{S(x,y)}{\sqrt{S(x,x)S(y,y)}} \tag{6.11}$$

で与えられます．

この例題で，電灯電力販売電力量は国内総生産でどのくらい説明できるかというと，表 6.2 より

$$r = \frac{6367}{\sqrt{3420 \times 12572}} = \frac{6367}{6557.2} = 0.971$$

であるから，寄与率は

$$r^2 \times 100 = 94.3\%$$

です．すなわち，電灯電力販売電力量の変動のうち，国内総生産で 94%説明がつくのです．

② 電灯電力販売電力量の予測区間を表す式 (6.10) の中に出てくる $t(n-2;0.05)$ は，データ数 n が大きい場合には，$t(n-2;0.05) = 2$ としてかまいません．

例題 6.2　建設会社 17 社の資本金と従業員数が表 6.3 で与えられている．このとき，従業員数を変数 x，資本金を変数 y とし，変数 x に対する y の回帰式を求め，さらに寄与率も計算せよ．

表 6.3 資本金

従業員数（×100 名）	79	110	92	92	95	78	46	40	24
資本金（×1 億円）	815	745	1124	578	291	500	575	230	305

25	27	18	23	22	24	20	18
121	235	140	234	133	165	198	190

解答 まず，従業員数 x に対する資本金 y の回帰式を求め，その寄与率も計算しましょう．そのために，補助表（表 6.4）を作成します．

表 6.4 と式 (6.4) より

$$\widehat{\beta} = \frac{S(x,y)}{S(x,x)} = \frac{121701}{17844} = 6.82, \quad \widehat{\alpha} = \overline{y} - \widehat{\beta}\,\overline{x} = 387 - 6.82 \times 49 = 52.8$$

であるので，式 (6.6) より x に対する y の回帰式は

$$\widehat{y} = 52.8 + 6.82x$$

です．また，式 (6.11) より相関係数は

$$r = \frac{121701}{\sqrt{17844 \times 1346308}} = \frac{121701}{154995.2} = 0.785$$

表 6.4 補助表

x_i	y_i	$x_i - \bar{x}$	$y_i - \bar{y}$	$(x_i - \bar{x})^2$	$(y_i - \bar{y})^2$	$(x_i - \bar{x})(y_i - \bar{y})$
79	815	30	428	900	183184	12840
110	745	61	358	3721	128164	21838
92	1124	43	737	1849	543169	31691
92	578	43	191	1849	36481	8213
95	291	46	−96	2116	9216	−4416
78	500	29	113	841	12769	3277
46	575	−3	188	9	35344	−564
40	230	−9	−157	81	24649	1413
24	305	−25	−82	625	6724	2050
25	121	−24	−266	576	70756	6384
27	235	−22	−152	484	23104	3344
18	140	−31	−247	961	61009	7657
23	234	−26	−153	676	23409	3978
22	133	−27	−254	729	64516	6858
24	165	−25	−222	625	49284	5550
20	198	−29	−189	841	35721	5481
18	190	−31	−197	961	38809	6107
833	6579	0	0	17844	1346308	121701

$\bar{y} = \dfrac{6579}{17} = 387$

$\bar{x} = \dfrac{833}{17} = 49$

であるので，寄与率は次のようになります．

$$r^2 \times 100 = 61.6\%$$ ■

►注 この例題の寄与率は，例題 6.1 の寄与率より低いので，この例題の構造式 (6.2) の誤差項 ε の分散 σ^2 の推定量 V_e を計算してみましょう．残差平方和は

$$S_e = S(y,y) - \widehat{\beta}S(x,y) = 1346308 - 6.82 \times 121701 = 516307.2$$

であるので，

$$V_e = \frac{516307.2}{17-2} = 34420.5$$

を得ます．これは，例題 6.1 の V_e よりかなり大きい値であるので，目的変数 y の予測区間の幅は，例題 6.1 よりかなり広くなります．

また，誤差項 ε の標準偏差 σ の推定値は

$$\widehat{\sigma} = \sqrt{34420.5} = 185.5$$

であり，例題 6.1 の $\widehat{\sigma}$ よりかなり大きいです．この値を小さくしたいときには，従業員数より説明力のある説明変数を用いるか，そのような変数がない場合には，従業員数のほかに説明変数を追加して，重回帰分析で解析するかです．

いままでの議論の中で用いられている公式を次節で解説します．

6.2 線形回帰分析の公式

n 個のデータ $(x_1, y_1), (x_2, y_2), \ldots, (x_n, y_n)$ が与えられたとき，x を増加させると，y が直接的に増加することが多々あります．このとき，x を説明変数，y を目的変数とよび，構造式

$$y_i = \alpha + \beta x_i + \varepsilon_i \qquad (6.12)$$

を仮定します．ここで，誤差項 ε_i には，$E(\varepsilon_i)$ を ε_i の平均，$V(\varepsilon_i)$ を ε_i の分散として

① 不偏性 $E(\varepsilon_i) = 0$
② 等分散性 $V(\varepsilon_i) = \sigma^2$
③ 独立性 $\varepsilon_1, \ldots, \varepsilon_n$ は独立である
④ 正規性 ε_i は正規分布 $N(0, \sigma^2)$ に従う

を仮定することが多いです．誤差項がこの四つの性質を満たしていると，誤差の 2 乗和を最小にする推定量 $\widehat{\alpha}$, $\widehat{\beta}$ は最良の推定量であることが **Gauss–Markov の定理**より保

証されます．誤差の 2 乗和を最小にする方法は**最小 2 乗法** (method of least squares) とよばれ，これより求められる推定量 $\widehat{\alpha}$, $\widehat{\beta}$ は**最小 2 乗推定量**とよばれます．

最小 2 乗法は，

$$Q(\alpha, \beta) = \sum_{i=1}^{n} \varepsilon_i^2 = \sum_{i=1}^{n} \{y_i - (\alpha + \beta x_i)\}^2 \tag{6.13}$$

を最小にする $\widehat{\alpha}$, $\widehat{\beta}$ を求める手法です．$(\widehat{\alpha}, \widehat{\beta})$ は

$$\begin{cases} \dfrac{\partial Q(\alpha, \beta)}{\partial \alpha} = 0 \\ \dfrac{\partial Q(\alpha, \beta)}{\partial \beta} = 0 \end{cases} \tag{6.14}$$

を満たすことが知られています．式 (6.14) を**正規方程式** (normal equation) といいます．正規方程式を具体的に表現すると，

$$\frac{\partial Q}{\partial \alpha} = -2 \sum_{i=1}^{n} \{y_i - (\alpha + \beta x_i)\} = 0 \tag{6.15a}$$

$$\frac{\partial Q}{\partial \beta} = -2 \sum_{i=1}^{n} x_i \{y_i - (\alpha + \beta x_i)\} = 0 \tag{6.15b}$$

です．式 (6.15a) より

$$\alpha + \beta \frac{1}{n} \sum_{i=1}^{n} x_i = \frac{1}{n} \sum_{i=1}^{n} y_i$$

を得るので，

$$\alpha = \overline{y} - \beta \overline{x} \tag{6.16}$$

を得ます．さらに，式 (6.15b) より

$$\alpha \sum_{i=1}^{n} x_i + \beta \sum_{i=1}^{n} x_i^2 = \sum_{i=1}^{n} x_i y_i$$

が成立するので，この式の α に式 (6.16) を代入すると，

$$\beta \left(\sum_{i=1}^{n} x_i^2 - \overline{x} \sum_{i=1}^{n} x_i \right) = \sum_{i=1}^{n} x_i y_i - \overline{y} \sum_{i=1}^{n} x_i$$

ですが，これを整理すると

$$\beta S(x, x) = S(x, y) \tag{6.17}$$

を得ます．よって，式 (6.16), (6.17) から，最小 2 乗推定量は

$$\begin{cases} \widehat{\beta} = \dfrac{S(x,y)}{S(x,x)} \\ \widehat{\alpha} = \overline{y} - \widehat{\beta}\,\overline{x} \end{cases} \tag{6.18}$$

で与えられます．したがって，回帰式は次式で与えられます．

$$\widehat{y} = \widehat{\alpha} + \widehat{\beta}x = \overline{y} + \widehat{\beta}(x - \overline{x}) \tag{6.19}$$

つぎに，いま求めた回帰式が n 個のデータの変動をどのくらい説明できるかを示す量を導入しましょう．そのために，**残差平方和** (residual sum of squares (RSS)) S_e が必要量となります．残差平方和は

$$S_e = Q(\widehat{\alpha}, \widehat{\beta}) = \sum_{i=1}^{n} \{y_i - (\widehat{\alpha} + \widehat{\beta}x_i)\}^2$$

で与えられます．これを整理すると，

$$\begin{aligned} S_e &= \sum_{i=1}^{n} \{y_i - \overline{y} - \widehat{\beta}(x_i - \overline{x})\}^2 = S(y,y) - 2\widehat{\beta}S(x,y) + \widehat{\beta}^2 S(x,x) \\ &= S(y,y) - 2\widehat{\beta}S(x,y) + \widehat{\beta}\frac{S(x,y)}{S(x,x)}S(x,x) \\ &= S(y,y) - \widehat{\beta}S(x,y) \end{aligned} \tag{6.20}$$

を得ます．よって，誤差項の分散 σ^2 の推定量は

$$\widehat{\sigma}^2 = V_e = \frac{S_e}{n-2} \tag{6.21}$$

で与えられます．

続いて，目的変数 y の総変動のうち求めた回帰式でどのくらい説明できるかを判定する量として，**寄与率**（または**決定係数**，coefficient of determination）を導入します．目的変数の総変動は

$$\begin{aligned} S(y,y) &= \sum_{i=1}^{n} (y_i - \overline{y})^2 \\ &= \sum_{i=1}^{n} (y_i - \widehat{y}_i)^2 + \sum_{i=1}^{n} (\widehat{y}_i - \overline{y})^2 + 2\sum_{i=1}^{n} (y_i - \widehat{y}_i)(\widehat{y}_i - \overline{y}) \end{aligned}$$

ですが，

$$\sum_{i=1}^{n} (y_i - \widehat{y}_i)(\widehat{y}_i - \overline{y}) = 0$$

が成立するので，

$$S(y,y)=\sum_{i=1}^{n}\{y_i-(\widehat{\alpha}+\widehat{\beta}x_i)\}^2+\sum_{i=1}^{n}\{(\widehat{\alpha}+\widehat{\beta}x_i)-\overline{y}\}^2$$

を得ます．上式右辺の第1項は残差平方和 S_e であり，第2項は

$$\begin{aligned}\sum_{i=1}^{n}[\{\overline{y}+\widehat{\beta}(x_i-\overline{x})\}-\overline{y}]^2&=\widehat{\beta}^2\sum_{i=1}^{n}(x_i-\overline{x})^2=\widehat{\beta}^2S(x,x)\\&=\widehat{\beta}\frac{S(x,y)}{S(x,x)}S(x,x)=\widehat{\beta}S(x,y)\end{aligned}$$

であり，$S_R=\widehat{\beta}S(x,y)$ とおくと，

$$S(y,y)=S_e+S_R \tag{6.22}$$

を得ます．ここで，残差平方和 S_e は，データの回帰式からのずれの具合を表す量です．また，S_R はデータの変動のうち，回帰式によって説明できる部分を表し，回帰による平方和とよばれています．そこで，寄与率を

$$R^2=\frac{S_R}{S(y,y)}=\frac{S(y,y)-S_e}{S(y,y)}=1-\frac{S_e}{S(y,y)} \tag{6.23}$$

で定義します．これを整理すると，

$$R^2=\frac{\widehat{\beta}S(x,y)}{S(y,y)}=\frac{S^2(x,y)}{S(x,x)S(y,y)}=\left(\frac{S(x,y)}{\sqrt{S(x,x)S(y,y)}}\right)^2$$

であるので，式(6.11)で与えた標本相関係数 $r(x,y)$ を用いると，次式を得ます．

$$R^2=r^2(x,y)$$

最後に，目的変数 y の予測区間がどうなるかを解説しましょう．最小2乗法で求めた回帰式 $\widehat{y}=\widehat{\alpha}+\widehat{\beta}x$ は，平均が $\alpha+\beta x$ で，分散が $\left\{1/n+(x-\overline{x})^2/S(x,x)\right\}\sigma^2$ の正規分布に従っていることが知られています．よって，

$$\frac{\widehat{\alpha}+\widehat{\beta}x-(\alpha+\beta x)}{\sqrt{\left\{\dfrac{1}{n}+\dfrac{(x-\overline{x})^2}{S(x,x)}\right\}\sigma^2}}$$

は標準正規分布 $N(0,1)$ に従い，σ^2 の推定量は V_e であるので，統計量

$$\frac{\widehat{\alpha}+\widehat{\beta}x-(\alpha+\beta x)}{\sqrt{\left\{\dfrac{1}{n}+\dfrac{(x-\overline{x})^2}{S(x,x)}\right\}V_e}}$$

は自由度 $(n-2)$ の t–分布に従うことが知られています．ゆえに，t–分布のパーセント

点 $t(n-2;\alpha)$ を図 6.3 のとおりとすると，母回帰 $\alpha+\beta x$ の信頼度 95%の信頼区間は

$$\widehat{\alpha}+\widehat{\beta}x \pm t(n-2;0.05)\sqrt{\left\{\frac{1}{n}+\frac{(x-\overline{x})^2}{S(x,x)}\right\}V_e} \tag{6.24}$$

で与えられます．さらに，$y=\alpha+\beta x+\varepsilon$ の信頼度 95%の信頼区間（これを**予測区間**とよびます）は，

$$\widehat{\alpha}+\widehat{\beta}x \pm t(n-2;0.05)\sqrt{\left\{1+\frac{1}{n}+\frac{(x-\overline{x})^2}{S(x,x)}\right\}V_e} \tag{6.25}$$

で与えられます．式 (6.24) と式 (6.25) の違いは，ε の分散 σ^2 の推定量が V_e であるので，$\sqrt{}$ の中に V_e が加えてあるかどうかです．

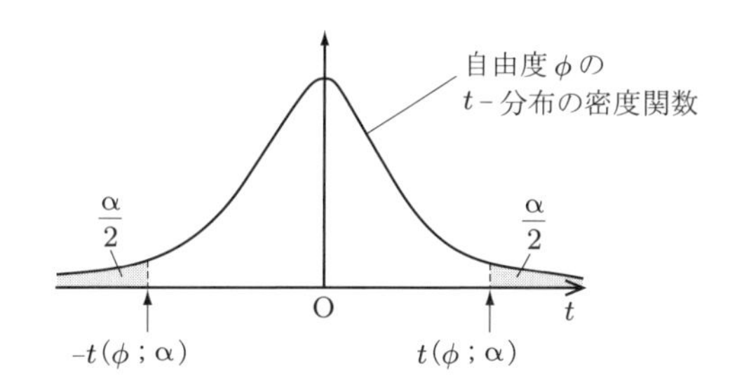

図 6.3　t–分布のパーセント点

6.3　重回帰分析による組織分析

従業員の意識や満足度（これを**従業員モラール**といいます）が高まると企業業績（ここでは労働生産性を考えています）がよくなるかという問題に対して，回帰分析を用いて解析してみます．

従業員モラールに関する項目として，①仕事の魅力，②経営施策・方針の浸透と③職場内教育を考え，従業員意識調査を行い，モラールに関係する項目に関して 5 段階で採点してもらい，その平均値をモラール項目の数値とします．労働生産性は，1 人の従業員が年間に上げる利益高（単位は 100 万円）の平均値とします．

従業員モラール項目と労働生産性の企業 10 社のデータを表 6.5 に示します．

例題 6.3　表 6.5 の仕事の魅力を説明変数 (x) として，目的変数である労働生産性 (y) の回帰式を求め，さらに寄与率も計算せよ．

解答　仕事の魅力を変数 x，労働生産性を変数 y として，補助表（表 6.6）を作成します．

表 6.5　企業業績と従業員モラール

会社	労働生産性	仕事の魅力	経営施策・方針の浸透	職場内教育
A	56.0	4.00	3.90	3.48
B	34.0	3.49	3.50	3.38
C	14.8	3.30	3.33	2.90
D	14.7	3.50	3.16	3.05
E	12.3	3.39	2.95	3.03
F	11.8	3.30	3.00	3.24
G	11.7	3.21	2.97	3.28
H	11.0	3.15	3.26	3.40
I	6.5	3.20	2.87	3.15
J	6.2	3.16	2.76	3.09

表 6.6　補助表

i	x_i	y_i	$x_i-\bar{x}$	$(x_i-\bar{x})^2$	$y_i-\bar{y}$	$(y_i-\bar{y})^2$	$(x_i-\bar{x})(y_i-\bar{y})$
1	4.00	56.0	0.63	0.3969	38.1	1451.61	24.003
2	3.49	34.0	0.12	0.0144	16.1	259.21	1.932
3	3.30	14.8	−0.07	0.0049	−3.1	9.61	0.217
4	3.50	14.7	0.13	0.0169	−3.2	10.24	−0.416
5	3.39	12.3	0.02	0.0004	−5.6	31.36	−0.112
6	3.30	11.8	−0.07	0.0049	−6.1	37.21	0.427
7	3.21	11.7	−0.16	0.0256	−6.2	38.44	0.992
8	3.15	11.0	−0.22	0.0484	−6.9	47.61	1.518
9	3.20	6.5	−0.17	0.0289	−11.4	129.96	1.938
10	3.16	6.2	−0.21	0.0441	−11.7	136.89	2.457
計	33.7	179.0	0	0.5854	0	2152.14	32.956

$\bar{x} = 3.37$　　$\bar{y} = 17.9$

表 6.6 より

$$\widehat{\beta} = \frac{S(x,y)}{S(x,x)} = \frac{32.956}{0.5854} = 56.297$$

$$\widehat{\alpha} = \overline{y} - \widehat{\beta}\,\overline{x} = 17.9 - 56.297 \times 3.37 = -171.819$$

であるので，式 (6.6) より x に対する y の回帰式は

$$\widehat{y} = -171.819 + 56.297x$$

となります．また，残差平方和 S_e は

$$S_e = S(y,y) - \widehat{\beta}S(x,y) = 2152.14 - 56.297 \times 32.956 = 296.816$$

であるので，寄与率は

$$R^2 = 1 - \frac{S_e}{S(y,y)} = 1 - \frac{296.816}{2152.14} = 0.862$$

です．よって，労働生産性は仕事の魅力で 86%説明がつくことになっています．■

►**注**　① 経営施策・方針の浸透を説明変数 x として，労働生産性 (y) の回帰式を求めると，

$$\widehat{y} = -114.109 + 41.643x$$

であり，その寄与率は次のようになります．

$$R^2 = 0.847$$

② 職場内教育を説明変数 x として，労働生産性 (y) の回帰式を求めると，

$$\widehat{y} = -141.338 + 49.762x$$

であり，その寄与率は次のようになります．

$$R^2 = 0.362$$

つぎの例題は，説明変数が 2 個の**重回帰分析**であるので，その公式を簡単に述べます．

重回帰分析の公式

n 個のデータ $(x_{11}, x_{21}, y_1), (x_{12}, x_{22}, y_2), \ldots, (x_{1n}, x_{2n}, y_n)$ が与えられている．このとき，

$$\overline{x}_1 = \frac{1}{n}\sum_{i=1}^{n} x_{1i}, \quad \overline{x}_2 = \frac{1}{n}\sum_{i=1}^{n} x_{2i}, \quad \overline{y} = \frac{1}{n}\sum_{i=1}^{n} y_i$$

$$S(x_1, x_1) = \sum_{i=1}^{n}(x_{1i} - \overline{x}_1)^2, \quad S(x_2, x_2) = \sum_{i=1}^{n}(x_{2i} - \overline{x}_2)^2$$

$$S(x_1, x_2) = \sum_{i=1}^{n}(x_{1i} - \overline{x}_1)(x_{2i} - \overline{x}_2), \quad S(y, y) = \sum_{i=1}^{n}(y_i - \overline{y})^2$$

$$S(x_1, y) = \sum_{i=1}^{n}(x_{1i} - \overline{x}_1)(y_i - \overline{y}), \quad S(x_2, y) = \sum_{i=1}^{n}(x_{2i} - \overline{x}_2)(y_i - \overline{y})$$

と約束する．

構造式を

$$y_i = \beta_0 + \beta_1 x_{1i} + \beta_2 x_{2i} + \varepsilon_i$$

と仮定し，誤差項 ε_i は不偏性，等分散性，独立性と正規性を満たしているとする．すると，β_0, β_1, β_2 の最小 2 乗推定量は，

$$\begin{cases} \widehat{\beta}_1 = \dfrac{S(x_2,x_2)S(x_1,y) - S(x_1,x_2)S(x_2,y)}{S(x_1,x_1)S(x_2,x_2) - S^2(x_1,x_2)} \\ \widehat{\beta}_2 = \dfrac{-S(x_1,x_2)S(x_1,y) + S(x_1,x_1)S(x_2,y)}{S(x_1,x_1)S(x_2,x_2) - S^2(x_1,x_2)} \\ \widehat{\beta}_0 = \overline{y} - (\widehat{\beta}_1\overline{x}_1 + \widehat{\beta}_2\overline{x}_2) \end{cases} \tag{6.26}$$

で与えられ，求める回帰式は

$$\widehat{y} = \widehat{\beta}_0 + \widehat{\beta}_1 x_1 + \widehat{\beta}_2 x_2 \tag{6.27}$$

である．また，残差平方和 S_e は

$$S_e = S(y,y) - (\widehat{\beta}_1 S(x_1,y) + \widehat{\beta}_2 S(x_2,y)) \tag{6.28}$$

で与えられるので，寄与率は次のようになる．

$$R^2 = 1 - \frac{S_e}{S(y,y)} \tag{6.29}$$

例題 6.3 を受けて，つぎの例題を考えます．

例題 6.4 表 6.5 の仕事の魅力を説明変数 x_1，経営施策・方針の浸透を説明変数 x_2 として，目的変数である労働生産性 y の回帰式と，その寄与率を求めよ．

解答 仕事の魅力 (x_1)，経営施策・方針の浸透 (x_2) と労働生産性 (y) に関する補助表を作成します（表 6.7）．

式 (6.26) から

$$\widehat{\beta}_1 = \frac{1.0510 \times 32.956 - 0.6438 \times 43.767}{0.5854 \times 1.0510 - (0.6438)^2} = 32.173$$

$$\widehat{\beta}_2 = \frac{-0.6438 \times 32.956 + 0.5854 \times 43.767}{0.5854 \times 1.0510 - (0.6438)^2} = 21.935$$

$$\widehat{\beta}_0 = 17.9 - (32.173 \times 3.37 + 21.935 \times 3.17) = -160.06$$

であるので，求める回帰式は次のようになります．

$$\widehat{y} = -160.06 + 32.173x_1 + 21.935x_2$$

残差平方和は式 (6.28) より

$$S_e = 2152.14 - (32.173 \times 32.956 + 21.935 \times 43.767) = 131.82$$

であるので，寄与率は式 (6.29) より

表 6.7 補助表

i	x_{1i}	x_{2i}	y_i	$x_{1i}-\bar{x}_1$	$(x_{1i}-\bar{x}_1)^2$	$x_{2i}-\bar{x}_2$	$(x_{2i}-\bar{x}_2)^2$	$(x_{1i}-\bar{x}_1)$ $\times(x_{2i}-\bar{x}_2)$	$y_i-\bar{y}$	$(y_i-\bar{y})^2$	$(x_{1i}-\bar{x}_1)$ $\times(y_i-\bar{y})$	$(x_{2i}-\bar{x}_2)$ $\times(y_i-\bar{y})$
1	4.00	3.90	56.0	0.63	0.3969	0.73	0.5329	0.4599	38.1	1451.61	24.003	27.813
2	3.49	3.50	34.0	0.12	0.0144	0.33	0.1089	0.0396	16.1	259.21	1.932	5.313
3	3.30	3.33	14.8	−0.07	0.0049	0.16	0.0256	−0.0112	−3.1	9.61	0.217	−0.496
4	3.50	3.16	14.7	0.13	0.0169	−0.01	0.0001	−0.0013	−3.2	10.24	−0.416	0.032
5	3.39	2.95	12.3	0.02	0.0004	−0.22	0.0484	−0.0044	−5.6	31.36	−0.112	1.232
6	3.30	3.00	11.8	−0.07	0.0049	−0.17	0.0289	0.0119	−6.1	37.21	0.427	1.037
7	3.21	2.97	11.7	−0.16	0.0256	−0.20	0.0400	0.0320	−6.2	38.44	0.992	1.240
8	3.15	3.26	11.0	−0.22	0.0484	0.09	0.0081	−0.0198	−6.9	47.61	1.518	−0.621
9	3.20	2.87	6.5	−0.17	0.0289	−0.30	0.0900	0.0510	−11.4	129.96	1.938	3.420
10	3.16	2.76	6.2	−0.21	0.0441	−0.41	0.1681	0.0861	−11.7	136.89	2.457	4.797
計	33.7	31.7	179.0	0	0.5854	0	1.0510	0.6438	0	2152.14	32.956	43.767

$\bar{x}_1=3.37$　$\bar{x}_2=3.17$　$\bar{y}=17.9$

$$R^2 = 1 - \frac{131.82}{2152.14} = 0.939$$

となります．ゆえに，労働生産性の動向は，仕事の魅力と経営施策・方針の浸透で 94%説明がつくことがわかります． ■

► **注** ① 仕事の魅力 (x_1) と職場内教育 (x_2) で労働生産性 (y) を回帰すると，回帰式は

$$\widehat{y} = -223.76 + 49.615x_1 + 23.268x_2$$

であり，そのときの寄与率は次のようになります．

$$R^2 = 0.929$$

② 経営施策・方針の浸透 (x_1) と職場内教育 (x_2) で労働生産性の動きを回帰すると，回帰式は

$$\widehat{y} = -142.052 + 38.004x_1 + 12.337x_2$$

となり，寄与率は次のようになります．

$$R^2 = 0.863$$

③ 仕事の魅力 (x_1)，経営施策・方針の浸透 (x_2) と職場内教育 (x_3) を説明変数として，労働生産性を回帰すると，説明変数が 3 個の重回帰分析より，回帰式は

$$\widehat{y} = -198.05 + 33.958x_1 + 16.226x_2 + 15.650x_3$$

となり，寄与率は次のようになります．

$$R^2 = 0.964$$

④ 従業員モラールのどの項目に着目して企業業績を高めることにするかは，各企業の判断によりますが，どの項目を用いても寄与率が高いことに注目してほしいと思います．

いままでは，企業業績の問題に回帰分析が用いられることは社会に広く知られていなかったですが，社会（大学も含めて）が文理融合に進む状況にあるので，このような例題を取り上げることにしました．

演習問題　6章

6.1 10人の学生の理科，数学，英語の試験データが表6.8で与えられている．以下の問いに答えよ．

表6.8

i	1	2	3	4	5	6	7	8	9	10	変数
理科	70	85	45	95	65	50	70	45	70	90	y
数学	65	80	40	100	60	45	65	50	75	95	x_1
英語	80	75	45	60	95	35	55	65	45	90	x_2

(1) 理科の点数を目的変数 y とし，数学の点数を説明変数 x_1 として，x_1 に対する y の回帰式を求め，その寄与率も計算せよ．

(2) 英語の点数を説明変数 x_2 とし，x_2 に対する y の回帰式とその寄与率を求めよ．

6.2 最近10年間の百貨店とスーパーの年間売上高（単位：1000億円）と名目国内総生産(GDP)（単位：1兆円）のデータが表6.9で与えられている．以下の問いに答えよ．

表6.9†

売上高	211	212	210	198	196	196	196	198	202	201
国内総生産	527	532	521	490	500	492	495	503	514	531

(1) 百貨店とスーパーの年間売上高を目的変数 y とし，国内総生産を説明変数 x として，x に対する y の回帰式を求め，その寄与率も計算せよ．

(2) 国内総生産が $x_0 = 550$ 兆円のとき，売上高の予測値と信頼度95%の予測区間を求めよ．

---

† 売上高については「商業動態統計」（経済産業省）(http://www.meti.go.jp/statistics/tyo/syoudou/result-2/index.html) をもとに，国内総生産については「四半期別 GDP 速報」（内閣府）(http://www.esri.cao.go.jp/jp/sna/data/data_list/sokuhou/files/2017/qe173/gdemenuja.html) をもとに作成．

6.3 表 6.5 で与えられる労働生産性を目的変数 y とし，経営施策・方針の浸透と職場内教育を説明変数 x_1, x_2 として，y の回帰式を求め，その寄与率も計算せよ（例題 6.4 のあとの注②に対応）.

7章 ゲームの理論 —— 競合において最適な案は

社会生活において，競合の問題がいろいろな局面で起こります．ゲーム理論の主たる問題は，競合の立場にある人間とか企業が，どのような意思決定をするのがよいかを判断することです．

次のようなゲームを考えましょう．プレーヤーはAとBであり，グー，チョキ，パーで勝負を行っています．双方の出す手の組によって，AはBからある金額のお金を受け取ることができます．Aは高い利益を上げようと思うでしょう．逆に，BはAに支払う金額を最小にしようと思うでしょう，すなわち損失を最小にしようと考えるでしょう．

このようなゲームのほかに，私たちが日常親しんでいるゲームに，トランプや囲碁があります．一方，企業間の自由競争などでも利害が対立する企業家たちが，より高い利益を求めてゲーム的状況にいます．このような現象を**ゲームの理論**として体系化したのが数学者ノイマン (J. von Neumann) です．現在では，多くの分野と結びついて理論の発展が進行していて，特に経済学の分野では広く展開されています．

ゲームのモデルでは，何人かのプレーヤーがゲームを行い，そのゲームのルールのもとで，より高い利益が得られる最適な手を打とうとします．打つ手によって，さまざまな結果が生じ，それに応じてプレーヤーは利益または損失をこうむることになります．各結果に応じてどれだけの支払 (pay-off) がなされるかは事前に定められていて，それを**利得行列** (pay-off matrix) または**利得表** (pay-off table) といいます．プレーヤーは人間とは限らず，企業対企業であったり，または人間対機械であることもあり，さらに人間と自然ということもあります．最近では，囲碁などで棋士と人工知能との対戦がよく行われています．

7.1 ミニマックス原理 —— ゲームを支配する法則

先に述べたゲームでミニマックス原理を解説します．プレーヤーはA，Bの2人であり，プレーヤーAは，表7.1に従ってBから表示された金額を受け取ります（単位は万円です）．たとえば，Aがグーを出したとき，Bがグーを出せば，Aは6万円を

表 7.1 利得行列

A＼B	グー	チョキ	パー
グー	6	4	5
チョキ	5	3	4
パー	6	2	1

受け取ります．

表 7.1 は利得行列とよばれ，B が A に支払う金額が与えられています．A，B にはゲームのルールはすべて事前に知らされています．

プレーヤーは，どういう状況でも当方の損失を最小にすることを信条として戦っています．これがゲーム理論を支配する基本原理

「最小を最大にする」

です．この**ミニマックス原理**を解説します．A がもしパーを出せば，B がどういう手をとっても A は少なくとも 1 万円を入手できます．また，A がチョキのときは，最小値が 3 万円で，グーのときは最小値が 4 万円です．すなわち，利得行列の各行の最小値は 4，3，1 になりますが，この中の最大値 4（A がグーのとき）に着目すると，B がどんな手を出しても A には少なくとも 4 万円が保証されています．一方，A がグー以外の手をとれば，B の手によっては A の利得は 4 万円より少なくなってしまいます．このように，A のそれぞれの手の利得の最小値の中で，その最大値に対応する手を選ぶという考え方が「ミニマックス原理」です（表 7.2）．

一方，B の立場からゲームを考えてみます．B がグーを出せば，最大の損失額は 6 万円で，チョキを出せば，最大の損失額は 4 万円で，パーのときは，最大の損失額は 5 万円であるので，B はこの 6，4，5 の最小値に対応する手をとれば，B の損失額は高々 4 万円ですむことが保証されます．B がそれ以外の手をとれば，A のとる手によっては，損失額が 4 万円より大きい額になってしまいます．この 4 万円は，利得行列の各列の最大値 6，4，5 の中の最小値 4 が対応しています（表 7.3）．

B のこの考え方もミニマックス原理に基づいています．すなわち，B の損失は負の

表 7.2 A の利得の考え方

A＼B	グー	チョキ	パー
グー	6	4	5
チョキ	5	3	4
パー	6	2	1

表 7.3 B の損失の考え方

A＼B	グー	チョキ	パー
グー	6	4	5
チョキ	5	3	4
パー	6	2	1

利得と考えることができるので,

各手の最大の損失のうち最小の損失

＝各手の最小の（負）の利得のうち最大の（負）の利得

と解釈することができます.

この問題では, Aがグーを出せばAは少なくとも4万円を得ることができ, Bがチョキを出せば, Bの損失額は4万円ですみます. すなわち, 利得行列の各行の最小値の中の最大値に対応する要素と, 各列の最大値の中の最小値に対応する要素が一致しているので, ゲームが成立します. このような要素を, 利得行列の**鞍点** (saddle point) といいます. この問題のように, 利得行列が鞍点をもてば, ゲームは成立し, 双方の手の組を**最適方策**といい, 利得行列の鞍点の要素の値を**ゲームの値**といいます. この問題では, ゲームの値は4です. そして, このゲームのように一方のプレーヤーの利得額と他方のプレーヤーの損失額が等しくなっているゲームを**ゼロ和ゲーム** (zero sum game) といいます.

一般に, 2人のプレーヤーA, Bがそれぞれm, n個の手をもつゲームで, 利得行列が鞍点をもてば, 鞍点を与える手の組が最適方策であり, そのときのゲームの値は鞍点の要素の値です. すなわち, 利得行列を

$$\begin{pmatrix} a_{11} & a_{12} & \cdots & a_{1n} \\ a_{21} & a_{22} & \cdots & a_{2n} \\ \vdots & \vdots & & \vdots \\ a_{m1} & a_{m2} & \cdots & a_{mn} \end{pmatrix}$$

で与えると, Aの手の数はm個で, Bの手の数はn個で, Aがi番目の手をとり, Bがj番目の手をとれば, このときAがBから受け取る利得はa_{ij}です. このとき,

$$\max_i \left(\min_j a_{ij} \right) = \min_j \left(\max_i a_{ij} \right) = a_{kh} \tag{7.1}$$

を満たせば, この利得行列は鞍点をもち, 最適方策は(k, h), すなわちAがk番目の手, Bがh番目の手をとる方策で, そのときのゲームの値はa_{kh}です. すなわち, 利得行列の各行の最小値の中の最大値を与える要素と, 各列の最大値の中の最小値を与える要素が一致しているとき（これが式(7.1)です), 利得行列は鞍点をもつといいます.

前述の例では, 利得行列が鞍点をもてば, ゲームが成立することを示しましたが, ここでは一般にこの事実を解説します. 式(7.1)より, $a_{kh} = \min\{a_{k1}, a_{k2}, \ldots, a_{kn}\}$であるので, a_{kh}はAがk番目の手をとったときのもっとも少ない利得ですが, Aがk以外の手をとった場合の最小値$\min\{a_{i1}, a_{i2}, \ldots, a_{in}\}$よりも大きいので, ミニマックス

原理に基づいて，A は k 番目の手をとります．さらに，$a_{kh} = \max\{a_{1h}, a_{2h}, \ldots, a_{mh}\}$ であるので，a_{kh} は B が h 番目の手をとったときのもっとも大きい損失ですが，B が h 以外の手をとったときの最大値 $\max\{a_{1j}, a_{2j}, \ldots, a_{mj}\}$ よりも小さいので（式 (7.1) を見てください），B は h 番目の手をとれば，B の損失額は高々 a_{kh} ですみます．すなわち，A は k 番目以外の手をとれば，B のとる手によっては，A の利得は a_{kh} より少なくなり，B が h 番目以外の手をとれば，A のとる手によっては B の損失は a_{kh} より大きくなってしまいます．よって，ゲームは方策 (k, h) で決定し，そのときのゲームの値は a_{kh} です．したがって，鞍点のある 2 人ゼロ和ゲームは常に最適方策が存在して，それを求めることは利得行列の鞍点を求めることに帰着します．以上のことを例題で確認します．

例題 7.1 A が三つの手，B が四つの手をもつゲームを考え，その利得行列は表 7.4 で与えられている．このとき，最適方策とゲームの値を求めよ．

表 7.4 利得行列

A＼B	I	II	III	IV
I	9	8	8	10
II	5	5	6	7
III	6	10	4	3

解答 最適方策を求めるためには，表 7.4 の利得行列の鞍点を求めればよいです．そのために，各行の最小値を求めると 8，5，3 であるので，この中の最大値 8 のところに，表 7.5 のように□をつけます．また，各列の最大値を求めると，9，10，8，10 であるので，この中の最小値 8 のところに○をつけます．ゆえに，鞍点が存在し，最適方策は (I, III) で，そのときのゲームの値は 8 です．すなわち，A が I の手，B が III の手をとることで，ゲームが成立し，このとき，A は B から 8 万円を受け取ります．

表 7.5 最適方策の求め方

A＼B	I	II	III	IV
I	9	□8	◎8	10
II	5	5	6	7
III	6	10	4	3

■

7.2 混合方策——鞍点が存在しないとき

いままでは，利得行列が鞍点をもつ2人ゼロ和ゲームを扱ってきましたが，この節では鞍点が存在しない場合の2人ゼロ和ゲームを考えます．

利得行列が表7.6で与えられる2人ゼロ和ゲームを考えてみます．さて，

$$\max_i \left(\min_j a_{ij} \right) = \max(3, 4) = a_{21} = 4$$

$$\min_j \left(\max_i a_{ij} \right) = \min(6, 7) = a_{11} = 6$$

であるので，この利得行列には鞍点が存在しないため，前節のような**純粋方策**ではゲームが決着しません．

表7.6　利得行列

A \ B	I	II
I	⑥	3
II	[4]	7

ミニマックス原理により，BはIの手を選びますが，Aがミニマックス原理より求められるIIの手ではなく，Iの手に変更すれば，Aの利得は6になり，IIの手を選ぶより利得が多くなります．Bのほうも，AがIの手を選択したならば，ミニマックス原理より定まるIの手ではなくIIの手に変更すれば，損失が3になり損失額が減少します．さらに，BがIIの手に変更したならば，AはIIの手に変更すれば，Aの利得は7になります．このように，鞍点が存在しない場合には，最適な純粋方策が定まらないので，ゲームは決着しません．そこで，**混合方策**を考えます．

プレーヤーAは, I, IIの手をそれぞれ確率x_1, x_2で選択します．ここで，$\boldsymbol{x} = (x_1, x_2)$とし，$x_1 \geqq 0$, $x_2 \geqq 0$でかつ$x_1 + x_2 = 1$とします．また，プレーヤーBは，I, IIの手をそれぞれ確率y_1, y_2で選択し，$\boldsymbol{y} = (y_1, y_2)$とし，$y_1 \geqq 0$, $y_2 \geqq 0$でかつ$y_1 + y_2 = 1$です．$x_1 \times x_2 \neq 0$のとき，$\boldsymbol{x} = (x_1, x_2)$を混合方策といい，$\boldsymbol{x} = (1, 0), (0, 1)$を純粋方策といいます．

Aが混合方策$\boldsymbol{x} = (x_1, x_2)$，Bが混合方策$\boldsymbol{y} = (y_1, y_2)$をとった場合のAの期待利得$E(\boldsymbol{x}, \boldsymbol{y})$を考えます．たとえば，A, BがともにIの手をとる確率は$x_1 \times y_1$なので，その期待利得は$6 \times x_1 \times y_1$となります．同様に考えると，

$$E(\boldsymbol{x}, \boldsymbol{y}) = 6x_1y_1 + 3x_1y_2 + 4x_2y_1 + 7x_2y_2 = \begin{pmatrix} x_1 & x_2 \end{pmatrix} \begin{pmatrix} 6 & 3 \\ 4 & 7 \end{pmatrix} \begin{pmatrix} y_1 \\ y_2 \end{pmatrix}$$

となります．

混合方策 $\boldsymbol{x}^o = (x_1^o, x_2^o)$, $\boldsymbol{y}^o = (y_1^o, y_2^o)$ が

$$\max_{\boldsymbol{x}} \min_{\boldsymbol{y}} E(\boldsymbol{x}, \boldsymbol{y}) = E(\boldsymbol{x}^o, \boldsymbol{y}^o) = \min_{\boldsymbol{y}} \max_{\boldsymbol{x}} E(\boldsymbol{x}, \boldsymbol{y}) \tag{7.2}$$

を満たすとき，$\boldsymbol{x}^o$, $\boldsymbol{y}^o$ を**最適混合方策**といい，$(\boldsymbol{x}^o, \boldsymbol{y}^o)$ を**広義の鞍点**，$E(\boldsymbol{x}^o, \boldsymbol{y}^o)$ をゲームの値といいます．そして，2 人ゼロ和ゲームには，広義の鞍点が必ず存在することが知られています．したがって，最適混合方策は 2 人ゼロ和ゲームでは必ず存在します．

最適な混合方策が存在することは保証されていますが，それを求めるために，つぎに示す最適混合方策の性質が有用です．

最適混合方策の性質　A，B の混合方策 $\boldsymbol{x}^o = (x_1^o, x_2^o)$, $\boldsymbol{y}^o = (y_1^o, y_2^o)$ がどんな純粋方策 $\boldsymbol{e}_i$, $\boldsymbol{e}_j$ に対しても

$$E(\boldsymbol{e}_i, \boldsymbol{y}^o) \leqq E(\boldsymbol{x}^o, \boldsymbol{y}^o) \leqq E(\boldsymbol{x}^o, \boldsymbol{e}_j) \tag{7.3}$$

を満たすならば，方策 $(\boldsymbol{x}^o, \boldsymbol{y}^o)$ は最適混合方策であり，逆に $(\boldsymbol{x}^o, \boldsymbol{y}^o)$ が最適混合方策ならば，どんな純粋方策に対しても，不等式 (7.3) が成立する．ここで，$\boldsymbol{e}_1 = (1, 0)$, $\boldsymbol{e}_2 = (0, 1)$ である．

この性質はきわめて便利です．というのは，混合方策が最適かどうかを判定するのに，鞍点の定義どおりにすべての混合方策 $\boldsymbol{x}$, $\boldsymbol{y}$ について調べなくても，一方ずつの純粋方策 $\boldsymbol{e}_i$ と $\boldsymbol{e}_j$ だけについて調べれば十分であるからです．この性質は，2 人ゼロ和ゲームの解法において，最適性のチェックに用いられます．例題を通して，具体的に解を見つけましょう．

例題 7.2　表 7.7 を利得行列とする 2 人ゼロ和ゲームの最適混合方策を求めよ．

表 7.7　利得行列

A＼B	I	II
I	6	3
II	4	7

解答　A の混合方策を $\boldsymbol{x}^o = (x, 1-x)$，B の混合方策を $\boldsymbol{y}^o = (y, 1-y)$ とします．ここで，$0 \leqq x \leqq 1$，$0 \leqq y \leqq 1$ です．式 (7.3) を用いて，最適解を求めます．$E(\boldsymbol{x}^o, \boldsymbol{y}^o) = w$ とおくと，式 (7.3) より

$$E(\boldsymbol{x}^o, \boldsymbol{e}_1) \geqq w, \quad E(\boldsymbol{x}^o, \boldsymbol{e}_2) \geqq w$$

が成り立ちます．これを具体的に表現すると，

$$\begin{pmatrix} x & 1-x \end{pmatrix} \begin{pmatrix} 6 & 3 \\ 4 & 7 \end{pmatrix} \begin{pmatrix} 1 \\ 0 \end{pmatrix} \geqq w, \quad \begin{pmatrix} x & 1-x \end{pmatrix} \begin{pmatrix} 6 & 3 \\ 4 & 7 \end{pmatrix} \begin{pmatrix} 0 \\ 1 \end{pmatrix} \geqq w$$

であるので，

$$\begin{aligned} &6x + 4(1-x) = 2x + 4 \geqq w \\ &3x + 7(1-x) = -4x + 7 \geqq w \\ &0 \leqq x \leqq 1 \end{aligned} \tag{7.4}$$

であり，w を最大化する点を求めればよいです．これを図に表現すると，図 7.1 を得ます．図から w は点 P で最大値をとります．この点 P は $x = 1/2$ であるので，$w = 5$ です．すなわち，ゲームの値は $E(\boldsymbol{x}^o, \boldsymbol{y}^o) = 5$ です．

この解を B の混合方策 $\boldsymbol{y}^o = (y, 1-y)$ より求めてみましょう．式 (7.3) より

$$E(\boldsymbol{e}_1, \boldsymbol{y}^o) \leqq w, \quad E(\boldsymbol{e}_2, \boldsymbol{y}^o) \leqq w$$

であるので，これを具体的に表現すると，

$$\begin{pmatrix} 1 & 0 \end{pmatrix} \begin{pmatrix} 6 & 3 \\ 4 & 7 \end{pmatrix} \begin{pmatrix} y \\ 1-y \end{pmatrix} \leqq w, \quad \begin{pmatrix} 0 & 1 \end{pmatrix} \begin{pmatrix} 6 & 3 \\ 4 & 7 \end{pmatrix} \begin{pmatrix} y \\ 1-y \end{pmatrix} \leqq w$$

であるので，

$$\begin{aligned} &6y + 3(1-y) = 3y + 3 \leqq w \\ &4y + 7(1-y) = -3y + 7 \leqq w \\ &0 \leqq y \leqq 1 \end{aligned} \tag{7.5}$$

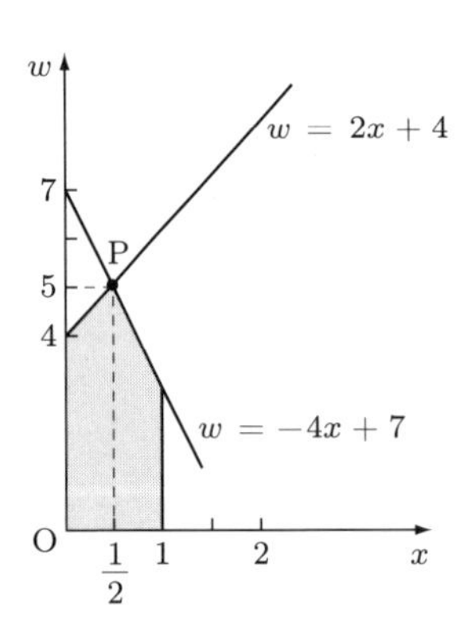

図 7.1　期待利得と混合方策

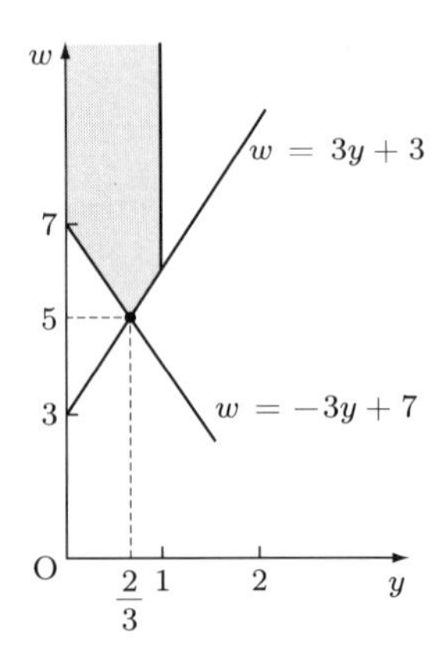

図 7.2　期待利得と混合方策

であり，w を最小化する点を求めればよいです．これを図に表現すると，図 7.2 を得ます．図より $\boldsymbol{y}^o = (2/3, 1/3)$ で $w = 5$ です．

以上から，最適混合方策は，A が $\boldsymbol{x}^o = (1/2, 1/2)$，B が $\boldsymbol{y}^o = (2/3, 1/3)$ で，そのときのゲームの値は $E(\boldsymbol{x}^o, \boldsymbol{y}^o) = 5$ です． ■

7.3 最適混合方策と線形計画法

前節では，図による解法で 2 人ゼロ和ゲームの最適混合方策を求めましたが，この節では 3 章で解説した線形計画法を用いて最適混合方策を求めます．式 (7.3) で示した最適混合方策の性質は，手の数が 3 個以上の場合でも成立します．

例題 7.3 表 7.8 を利得行列とする 2 人ゼロ和ゲームの最適混合方策を求めよ．

表 7.8 利得行列

A \ B	I	II	III
I	1	2	3
II	6	1	2
III	3	5	1

解答 A の混合方策を $\boldsymbol{x}^o = (x_1, x_2, x_3)$，B の混合方策を $\boldsymbol{y}^o = (y_1, y_2, y_3)$ とします．ここで，$x_1 \geqq 0$, $x_2 \geqq 0$, $x_3 \geqq 0$，$x_1 + x_2 + x_3 = 1$ でかつ $y_1 \geqq 0$, $y_2 \geqq 0$, $y_3 \geqq 0$, $y_1 + y_2 + y_3 = 1$ です．式 (7.3) を用いて，最適解を求めます．ここで，$\boldsymbol{e}_1 = (1, 0, 0)$, $\boldsymbol{e}_2 = (0, 1, 0)$, $\boldsymbol{e}_3 = (0, 0, 1)$ です．$E(\boldsymbol{x}^o, \boldsymbol{y}^o) = w$ とおくと，式 (7.3) より

$$
\begin{aligned}
&E(\boldsymbol{x}^o, \boldsymbol{e}_1) \geqq w \\
&E(\boldsymbol{x}^o, \boldsymbol{e}_2) \geqq w \\
&E(\boldsymbol{x}^o, \boldsymbol{e}_3) \geqq w
\end{aligned}
$$

が成り立ちます．これを具体的に表現すると

$$
\begin{aligned}
x_1 + 6x_2 + 3x_3 &\geqq w \\
2x_1 + x_2 + 5x_3 &\geqq w \\
3x_1 + 2x_2 + x_3 &\geqq w \\
x_1 + x_2 + x_3 &= 1 \\
x_1 \geqq 0, \quad x_2 \geqq 0, \quad x_3 &\geqq 0
\end{aligned}
$$

であり，w を最大化する点を求めればよいです．このとき，$u_i = x_i/w$ とおくと，

$$
\begin{aligned}
u_1 + 6u_2 + 3u_3 &\geqq 1 \\
2u_1 + \ \ u_2 + 5u_3 &\geqq 1 \\
3u_1 + 2u_2 + \ \ u_3 &\geqq 1 \\
u_1 + \ \ u_2 + \ \ u_3 &= \frac{1}{w}
\end{aligned}
$$

であるので，$\sum_{i=1}^{3} u_i$ を最小化すればよいのでつぎの線形計画問題を考えます．

〈問題–I〉

$$
\text{制約条件：}\quad
\begin{aligned}
u_1 + 6u_2 + 3u_3 &\geqq 1 \\
2u_1 + \ \ u_2 + 5u_3 &\geqq 1 \\
3u_1 + 2u_2 + \ \ u_3 &\geqq 1 \\
u_1 \geqq 0, \quad u_2 \geqq 0, \quad u_3 &\geqq 0
\end{aligned}
$$

を満たす解の中で，

$$
\text{目的関数：}\quad u_1 + u_2 + u_3
$$

を最小にする解 (u_1, u_2, u_3) を求める．

この解より，最適混合方策 $\boldsymbol{x}^o$ が求められます．

つぎに，式 (7.3) より B の混合方策 $\boldsymbol{y}^o$ を求めましょう．式 (7.3) より

$$
\begin{aligned}
E(\boldsymbol{e}_1, \boldsymbol{y}^o) &\leqq w \\
E(\boldsymbol{e}_2, \boldsymbol{y}^o) &\leqq w \\
E(\boldsymbol{e}_3, \boldsymbol{y}^o) &\leqq w
\end{aligned}
$$

が成り立ちます．これを具体的に表現すると

$$
\begin{aligned}
y_1 + 2y_2 + 3y_3 &\leqq w \\
6y_1 + \ \ y_2 + 2y_3 &\leqq w \\
3y_1 + 5y_2 + \ \ y_3 &\leqq w \\
y_1 + \ \ y_2 + \ \ y_3 &= 1 \\
y_1 \geqq 0, \quad y_2 \geqq 0, \quad y_3 &\geqq 0
\end{aligned}
$$

であり，w を最小化する点を求めればよいです．このとき，$t_i = y_i/w$ とおくと，

$$
\begin{aligned}
t_1 + 2t_2 + 3t_3 &\leqq 1 \\
6t_1 + \ \ t_2 + 2t_3 &\leqq 1 \\
3t_1 + 5t_2 + \ \ t_3 &\leqq 1 \\
t_1 + \ \ t_2 + \ \ t_3 &= \frac{1}{w}
\end{aligned}
$$

であるので，$\sum_{i=1}^{3} t_i$ を最大化すればよいので，つぎの線形計画問題を考えます．

〈問題–II〉

$$
\begin{aligned}
\text{制約条件：}\quad & t_1 + 2t_2 + 3t_3 \leqq 1 \\
& 6t_1 + t_2 + 2t_3 \leqq 1 \\
& 3t_1 + 5t_2 + t_3 \leqq 1 \\
& t_1 \geqq 0,\quad t_2 \geqq 0,\quad t_3 \geqq 0
\end{aligned}
$$

を満たす解の中で，

$$
\text{目的関数：}\quad t_1 + t_2 + t_3
$$

を最大にする解 (t_1, t_2, t_3) を求める．

この解より，最適混合方策 $\boldsymbol{y}^o$ が求められます．

最初に，3.1 節で解説したシンプレックス法を用いて，〈問題–II〉を解きます．スラック変数 t_4, t_5, t_6 を導入して，制約条件の中の不等式を等式に変えると，〈問題–II〉はつぎのようになります．

〈問題–II〉

$$
\begin{aligned}
\text{制約条件：}\quad & t_1 + 2t_2 + 3t_3 + t_4 = 1 \\
& 6t_1 + t_2 + 2t_3 + t_5 = 1 \\
& 3t_1 + 5t_2 + t_3 + t_6 = 1 \\
& t_1 \geqq 0,\quad t_2 \geqq 0,\quad t_3 \geqq 0,\quad t_4 \geqq 0,\quad t_5 \geqq 0,\quad t_6 \geqq 0
\end{aligned}
$$

のもとで，

$$
\text{目的関数：}\quad t_1 + t_2 + t_3
$$

を最大化する．

制約条件の係数行列の中に単位行列が含まれているので，シンプレックス法をスタートします（表 7.9）．ゆえに，$1/w = 5/12$ であるので，ゲームの値は $E(\boldsymbol{x}^o, \boldsymbol{y}^o) = w = 12/5$ であり，B の最適混合方策は次のようになります．

$$
\boldsymbol{y}^o = \frac{12}{5}\begin{pmatrix} 5/72 \\ 1/9 \\ 17/72 \end{pmatrix} = \begin{pmatrix} 5/30 \\ 8/30 \\ 17/30 \end{pmatrix}
$$

つぎに，3.2 節の罰金法を用いて，〈問題–I〉を解きます．スラック変数 u_4, u_5, u_6 を導入して，制約条件の中の不等式を等式に変形しても，係数行列の中に単位行列が含まれていないので，人為変数 u_7, u_8, u_9 を導入して，形式的に単位行列を構成します．すると，最初の実行基底解が求められるので，シンプレックス法がスタートできます．スラック変数と人為変数を導入すると，〈問題–I〉はつぎのようになります．

表 7.9 シンプレックス表

		$c_j \rightarrow$	1	1	1	0	0	0	
c_i	基底変数	定数項	t_1	t_2	t_3	t_4	t_5	t_6	θ
0	t_4	1	1	2	3	1	0	0	1/3
0	t_5	1	6	1	2	0	1	0	1/2
0	t_6	1	3	5	1	0	0	1	1
z_j		0	0	0	0	0	0	0	
$c_j - z_j$			1	1	1	0	0	0	
1	t_3	1/3	1/3	2/3	1	1/3	0	0	1
0	t_5	1/3	16/3	−1/3	0	−2/3	1	0	1/16
0	t_6	2/3	8/3	13/3	0	−1/3	0	1	1/4
z_j		1/3	1/3	2/3	1	1/3	0	0	
$c_j - z_j$			2/3	1/3	0	−1/3	0	0	
1	t_3	5/16	0	11/16	1	3/8	−1/16	0	5/11
1	t_1	1/16	1	−1/16	0	−1/8	3/16	0	∞
0	t_6	1/2	0	9/2	0	0	−1/2	1	1/9
z_j		3/8	1	5/8	1	1/4	1/8	0	
$c_j - z_j$			0	3/8	0	−1/4	−1/8	0	
1	t_3	17/72	0	0	1	3/8	1/72	−11/72	
1	t_1	5/72	1	0	0	−1/8	13/72	1/72	
1	t_2	1/9	0	1	0	0	−1/9	2/9	
z_j		5/12	1	1	1	1/4	1/12	1/12	
$c_j - z_j$			0	0	0	−1/4	−1/12	−1/12	

→ これが $t_1 + t_2 + t_3 = \dfrac{1}{w}$ の最大化の値である.

〈問題–I〉

$$
\begin{aligned}
\text{制約条件：}\quad & u_1 + 6u_2 + 3u_3 - u_4 + u_7 = 1 \\
& 2u_1 + u_2 + 5u_3 - u_5 + u_8 = 1 \\
& 3u_1 + 2u_2 + u_3 - u_6 + u_9 = 1 \\
& u_1 \geqq 0, \quad \ldots, \quad u_9 \geqq 0
\end{aligned}
$$

のもとで,

$$
\text{目的関数：}\quad u_1 + u_2 + u_3 + Mu_7 + Mu_8 + Mu_9
$$

を最小化する．ここで，M は大きい正数である．

罰金法により, 係数行列の中に形式的に単位行列を構成したので, シンプレックス法がスタートできます (表 7.10)．ゆえに, $1/w = 5/12$ であるので, ゲームの値は $E(\boldsymbol{x}^o, \boldsymbol{y}^o) = w = 12/5$ であり，A の最適混合方策は次のようになります.

表 7.10 シンプレックス表

		$c_j \to$	1	1	1	0	0	0	M	M	M	
c_i	基底変数	定数項	u_1	u_2	u_3	u_4	u_5	u_6	u_7	u_8	u_9	θ
M	u_7	1	1	6	3	-1	0	0	1	0	0	1/3
M	u_8	1	2	1	5	0	-1	0	0	1	0	1/5
M	u_9	1	3	2	1	0	0	-1	0	0	1	1
z_j		$3M$	$6M$	$9M$	$9M$	$-M$	$-M$	$-M$	M	M	M	
c_j-z_j			$1-6M$	$1-9M$	$1-9M$	M	M	M	0	0	0	
M	u_7	2/5	$-1/5$	27/5	0	-1	3/5	0	1	$-3/5$	0	2/27
1	u_3	1/5	2/5	1/5	1	0	$-1/5$	0	0	1/5	0	1
M	u_9	4/5	13/5	9/5	0	0	1/5	-1	0	$-1/5$	1	4/9
z_j		$\frac{1}{5}+\frac{6}{5}M$	$\frac{2}{5}+\frac{12}{5}M$	$\frac{1}{5}+\frac{36}{5}M$	1	$-M$	$-\frac{1}{5}+\frac{4}{5}M$	$-M$	M	$\frac{1}{5}-\frac{4}{5}M$	M	
c_j-z_j			$\frac{3}{5}-\frac{12}{5}M$	$\frac{4}{5}-\frac{36}{5}M$	0	M	$\frac{1}{5}-\frac{4}{5}M$	M	0	$-\frac{1}{5}+\frac{9}{5}M$	0	
1	u_2	2/27	$-1/27$	1	0	$-5/27$	1/9	0	5/27	$-1/9$	0	∞
1	u_3	5/27	11/27	0	1	1/27	$-2/9$	0	$-1/27$	2/9	0	5/11
M	u_9	2/3	8/3	0	0	1/3	0	-1	$-1/3$	0	1	1/4
z_j		$\frac{7}{27}+\frac{2}{3}M$	$\frac{10}{27}+\frac{8}{3}M$	1	1	$-\frac{4}{27}+\frac{1}{3}M$	$-1/9$	$-M$	$\frac{4}{27}-\frac{1}{3}M$	1/9	M	
c_j-z_j			$\frac{17}{27}-\frac{8}{3}M$	0	0	$\frac{4}{27}-\frac{1}{3}M$	1/9	M	$-\frac{4}{27}+\frac{4}{3}M$	$-\frac{1}{9}+M$	0	
1	u_2	1/12	0	1	0	$-13/72$	1/9	$-1/72$	13/72	$-1/9$	1/72	
1	u_3	1/12	0	0	1	$-1/72$	$-2/9$	11/72	1/72	2/9	$-11/72$	
1	u_1	1/4	1	0	0	1/8	0	$-3/8$	$-1/8$	0	3/8	
z_j		5/12	1	1	1	$-5/72$	$-1/9$	$-17/72$	5/72	1/9	17/72	
c_j-z_j			0	0	0	5/72	1/9	17/72	$M-\frac{5}{72}$	$M-\frac{1}{9}$	$M-\frac{17}{72}$	

→ これが $u_1+u_2+u_3=\dfrac{1}{w}$ の最小化の値である．

$$
\boldsymbol{x}^o = \frac{12}{5}\begin{pmatrix} 1/4 \\ 1/12 \\ 1/12 \end{pmatrix} = \begin{pmatrix} 3/5 \\ 1/5 \\ 1/5 \end{pmatrix}
$$

■

► **注** A を利得行列とすると，$E(\boldsymbol{x}^o, \boldsymbol{y}^o) = \boldsymbol{x}^{o\top} A \boldsymbol{y}^o$ であるので，

$$
\boldsymbol{x}^{o\top} A \boldsymbol{y}^o = \begin{pmatrix} \frac{3}{5} & \frac{1}{5} & \frac{1}{5} \end{pmatrix} \begin{pmatrix} 1 & 2 & 3 \\ 6 & 1 & 2 \\ 3 & 5 & 1 \end{pmatrix} \begin{pmatrix} 5/30 \\ 8/30 \\ 17/30 \end{pmatrix}
$$

$$= \begin{pmatrix} \frac{12}{5} & \frac{12}{5} & \frac{12}{5} \end{pmatrix} \begin{pmatrix} 5/30 \\ 8/30 \\ 17/30 \end{pmatrix} = \frac{12}{5}$$

であり，同様にして先に $\boldsymbol{A}\boldsymbol{y}^o$ を計算すると，次式を得ます.

$$\boldsymbol{x}^{o\top}\boldsymbol{A}\boldsymbol{y}^o = \begin{pmatrix} \frac{3}{5} & \frac{1}{5} & \frac{1}{5} \end{pmatrix} \begin{pmatrix} 12/5 \\ 12/5 \\ 12/5 \end{pmatrix} = \frac{12}{5}$$

7.4 最適混合方策と双対問題

前節の〈問題–I〉は

〈P〉 $u_1 + u_2 + u_3 \longrightarrow$ 最小化

$$\text{制約条件：}\quad \begin{aligned} u_1 + 6u_2 + 3u_3 &\geqq 1 \\ 2u_1 + u_2 + 5u_3 &\geqq 1 \\ 3u_1 + 2u_2 + u_3 &\geqq 1 \\ u_1 \geqq 0, \quad u_2 \geqq 0, \quad u_3 &\geqq 0 \end{aligned}$$

であるので，これを主問題〈P〉とし，この問題の双対問題を〈D〉とおくと，〈D〉は以下のようになります.

〈D〉 $t_1 + t_2 + t_3 \longrightarrow$ 最大化

$$\text{制約条件：}\quad \begin{aligned} t_1 + 2t_2 + 3t_3 &\leqq 1 \\ 6t_1 + t_2 + 2t_3 &\leqq 1 \\ 3t_1 + 5t_2 + t_3 &\leqq 1 \\ t_1 \geqq 0, \quad t_2 \geqq 0, \quad t_3 &\geqq 0 \end{aligned}$$

これは，前節の〈問題–II〉であるので，〈問題–II〉のシンプレックス表（表 7.9）の最後のステップの z_j の欄の最初の基底変数 t_4, t_5, t_6 の部分が〈問題–I〉の最適解 $(u_1, u_2, u_3) = (1/4, 1/12, 1/12)$ です.

同様にして，〈問題–II〉の双対問題は〈問題–I〉であるので，〈問題–I〉のシンプレックス表（表 7.10）の最後のステップの z_j の欄の最初の基底変数 u_7, u_8, u_9 の部分が〈問題–II〉の最適解 $(t_1, t_2, t_3) = (5/72, 1/9, 17/72)$ です.

このように，最適混合方策を求める場合には，最小値問題または最大化問題のいずれか一方をシンプレックス法で解きます（一般には，最大化問題を解いたほうが簡単です）．そして，主問題と双対問題の間に成立する性質② (3.4 節) を用いて，もう一方の最適解を求めればよいです．前節では，〈問題–I〉，〈問題–II〉の双方をシンプレックス法で解きましたが，一方を主問題とすれば，他方は双対問題であるので，片方だけをシンプレックス法で解けばよいです．

例題 7.4　表 7.11 を利得行列とする 2 人ゼロ和ゲームの最適混合方策を求めよ．

表 7.11　利得行列

A＼B	I	II
I	5	3
II	1	4

解答　A の混合方策を $\boldsymbol{x}^o = (x_1, x_2)$，B の混合方策を $\boldsymbol{y}^o = (y_1, y_2)$ とします．ここで，$x_1 \geqq 0, x_2 \geqq 0$，$x_1 + x_2 = 1$ でかつ $y_1 \geqq 0, y_2 \geqq 0$，$y_1 + y_2 = 1$ です．式 (7.3) を用いて，最適解を求めます．$E(\boldsymbol{x}^o, \boldsymbol{y}^o) = w$ とおくと，式 (7.3) より

$$E(\boldsymbol{x}^o, \boldsymbol{e}_1) \geqq w$$
$$E(\boldsymbol{x}^o, \boldsymbol{e}_2) \geqq w$$

が成り立ちます．これを具体的に表現すると

$$5x_1 + x_2 \geqq w$$
$$3x_1 + 4x_2 \geqq w$$
$$x_1 + x_2 = 1$$
$$x_1 \geqq 0, \quad x_2 \geqq 0$$

であり，w を最大化する点を求めます．このとき，$u_i = x_i/w$ とおくと，

$$5u_1 + u_2 \geqq 1$$
$$3u_1 + 4u_2 \geqq 1$$
$$u_1 + u_2 = \frac{1}{w}$$

であるので，$\sum_{i=1}^{2} u_i$ を最小化すればよいので，つぎの線形計画問題を得ます．

〈問題–I〉

$$u_1 + u_2 \longrightarrow \text{最小化}$$

$$\text{制約条件：} \quad \begin{aligned} 5u_1 + u_2 &\geqq 1 \\ 3u_1 + 4u_2 &\geqq 1 \\ u_1 \geqq 0, \quad u_2 &\geqq 0 \end{aligned}$$

そして，この問題の最適解 (u_1, u_2) より，最適混合方策 $\boldsymbol{x}^o$ が求められます．

つぎに，式 (7.3) より B の混合方策 $\boldsymbol{y}^o$ を求めます．式 (7.3) より

$$E(\boldsymbol{e}_1, \boldsymbol{y}^o) \leqq w$$
$$E(\boldsymbol{e}_2, \boldsymbol{y}^o) \leqq w$$

が成り立ちます．これを具体的に表現すると

$$\begin{aligned} 5y_1 + 3y_2 &\leqq w \\ y_1 + 4y_2 &\leqq w \\ y_1 + \ \ y_2 &= 1 \\ y_1 \geqq 0, \quad y_2 &\geqq 0 \end{aligned}$$

であり，w を最小化します．このとき，$t_i = y_i/w$ とおくと，

$$\begin{aligned} 5t_1 + 3t_2 &\leqq 1 \\ t_1 + 4t_2 &\leqq 1 \\ t_1 + \ \ t_2 &= \frac{1}{w} \end{aligned}$$

であるので，$\sum_{i=1}^{2} t_i$ を最大化すればよいので，つぎの線形計画問題を考えます．

〈問題–II〉

$$t_1 + t_2 \longrightarrow \text{最大化}$$

$$\text{制約条件：}\quad \begin{aligned} 5t_1 + 3t_2 &\leqq 1 \\ t_1 + 4t_2 &\leqq 1 \\ t_1 \geqq 0, \quad t_2 &\geqq 0 \end{aligned}$$

そして，この問題の最適解 (t_1, t_2) より，最適混合方策 $\boldsymbol{y}^o$ が求められます．

一般に，最大化問題を解くほうが簡単であるので，〈問題–II〉を解きます．スラック変数 t_3, t_4 を導入すると，

$$t_1 + t_2 \longrightarrow \text{最大化}$$

$$\text{制約条件：}\quad \begin{aligned} 5t_1 + 3t_2 + t_3 \qquad &= 1 \\ t_1 + 4t_2 \qquad + t_4 &= 1 \\ t_1 \geqq 0, \quad t_2 \geqq 0, \quad t_3 \geqq 0, \quad t_4 &\geqq 0 \end{aligned}$$

となり，制約条件式の係数行列の中に単位行列が含まれているのでシンプレックス法がスタートできます（表 7.12）．ゆえに，$1/w = 5/17$ で最適解は $(t_1, t_2) = (1/17, 4/17)$ であるので，最適混合方策は $\boldsymbol{y}^o = 17/5(1/17, 4/17) = (1/5, 4/5)$ です．

一方，〈問題–I〉の双対問題は〈問題–II〉であるので，〈問題–I〉の最適解は〈問題–II〉のシンプレックス表（表 7.12）の最後のステップの z_j の欄の最初の基底変数 t_3，t_4 の部分

表 7.12 シンプレックス表

		$c_j \to$	1	1	0	0	
c_i	基底変数	定数項	t_1	t_2	t_3	t_4	θ
0	t_3	1	5	3	1	0	1/3
0	t_4	1	1	(4)	0	1	(1/4)
z_j		0	0	0	0	0	
$c_j - z_j$			1	(1)	0	0	
0	t_3	1/4	(17/4)	0	1	−3/4	(1/17)
1	t_2	1/4	1/4	1	0	1/4	1
z_j		1/4	1/4	1	0	1/4	
$c_j - z_j$			(3/4)	0	0	−1/4	
1	t_1	1/17	1	0	4/17	−3/17	
1	t_2	4/17	0	1	−1/17	5/17	
z_j		(5/17) → $\frac{1}{w}$	1	1	3/17	2/17	
$c_j - z_j$			0	0	−3/17	−2/17	

です．よって，〈問題–I〉の最適解は $(u_1, u_2) = (3/17, 2/17)$ であるので，最適混合方策は $\boldsymbol{x}^o = 17/5(3/17, 2/17) = (3/5, 2/5)$ です．したがって，ゲームの値は以下のようになります．

$$E(\boldsymbol{x}^o, \boldsymbol{y}^o) = \boldsymbol{x}^o A {\boldsymbol{y}^o}^\top$$
$$= \begin{pmatrix} \frac{3}{5} & \frac{2}{5} \end{pmatrix} \begin{pmatrix} 5 & 3 \\ 1 & 4 \end{pmatrix} \begin{pmatrix} 1/5 \\ 4/5 \end{pmatrix} = \begin{pmatrix} \frac{17}{5} & \frac{17}{5} \end{pmatrix} \begin{pmatrix} 1/5 \\ 4/5 \end{pmatrix} = \frac{17}{5} = w$$

■

演習問題 7章

7.1 A, B がともに三つの手をもつゲームで，その利得行列が表 7.13 で与えられている．こ

表 7.13

A \ B	I	II	III
I	2	3	6
II	7	4	5
III	8	2	1

のとき，最適方策と，ゲームの値を求めよ．

7.2　表 7.14 を利得行列とする 2 人ゼロ和ゲームの最適混合方策を線形計画法を用いて求めよ．

表 7.14

A＼B	I	II	III
I	3	6	5
II	5	2	6
III	7	8	1

8章 経済計算 ―― 資産をどう運用すべきか

家を新築するか，または賃貸マンションに住みつづけるかと考えるときなど，金銭的に重要な決定も，**金利計算**の知識があれば，より合理的に判断することができます．本章では，日常生活の中で遭遇するであろう金利計算について解説します．

8.1 金利計算の公式

現時点から n 年間にわたって生じる収入，支出の流れを比較しやすい値に換算する方法には，つぎの三つの方法があります．

(a) 現在の価値（**現価**という）P に換算する方法
(b) 最終時点の価値（**終価**という）S に換算する方法
(c) 毎年末の均等額払いの価値（**年金**という）M に換算する方法

現価 P，終価 S と年金 M を図に示すと，図 8.1 のようになります．これらの関係を考えると，収入・支出のタイミングが異なる資産を互いに比較できるようになります．

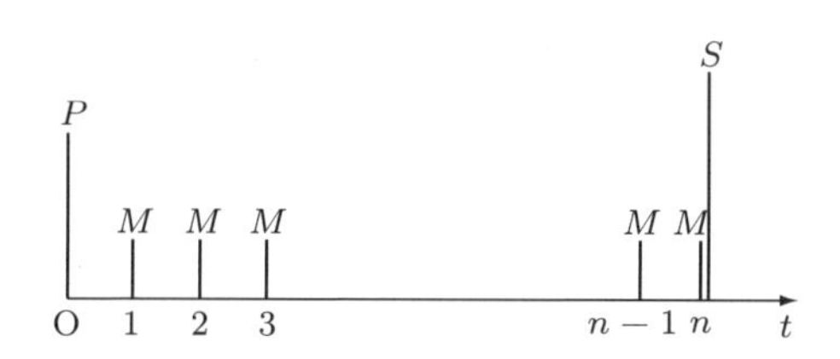

図 8.1 現価，終価と年金

8.1.1 終価係数

資金 P を年利率 $100i$ [%] で銀行に預金したとき，n 年後の元利合計（終価）を S とすると，

$$S = (1+i)^n P \tag{8.1}$$

が成立します．上式の $(1+i)^n$ を**終価係数**といい，記号 $[P \to S]_n^{100i}$ で表します．す

なわち,

$$[P \to S]_n^{100i} = (1+i)^n \tag{8.2}$$

です.

例題 8.1　1000 万円を年利率 3%で銀行に預金したとき，20 年後の元利合計はいくらか．また，年利率が 4%のときはいくらか.

解答　付表 2 から

$$[P \to S]_{20}^{3\%} = 1.806, \quad [P \to S]_{20}^{4\%} = 2.191$$

であるので，年利率が 3%のときの 20 年後の元利合計は $1.806 \times 1000 = 1806$ 万円で，年利率が 4%のときは 2191 万円です.　■

8.1.2 現価係数

銀行に年利率 $100i$ [%] で預金したとき，n 年後の元利合計が S 円になるには，現時点でいくら預金すればよいでしょうか．現時点での預金額を P とすれば，式 (8.1) から

$$P = \frac{1}{(1+i)^n} S \tag{8.3}$$

を得ます．この $1/(1+i)^n$ を**現価係数**といい，記号 $[S \to P]_n^{100i}$ で表します．すなわち,

$$[S \to P]_n^{100i} = \frac{1}{(1+i)^n} \tag{8.4}$$

です.

例題 8.2　岡田君は長男誕生を記念して銀行に預金することにした．長男の結婚資金のために，30 年後に元利合計を 2000 万円にするには，いまいくら預金すればよいか．年利率が 1%, 3%, 5%の場合について計算せよ.

解答　付表 1 から

$$[S \to P]_{30}^{1\%} = 0.742, \quad [S \to P]_{30}^{3\%} = 0.412, \quad [S \to P]_{30}^{5\%} = 0.231$$

であるから，年利率が 1%のときには，いま $2000 \times 0.742 = 1484$ 万円を預金すれば，30 年後に元利合計は 2000 万円になります．年利率が 3%, 5%のときには，それぞれいま 824 万円，462 万円を預金すればよいです.　■

8.1.3 年金終価係数

毎年末に均等額 M 円ずつを n 年間預金すると，元利合計 S は図 8.2 のようになります．ここで，年利率は $100i$ [%] とします．

図 8.2 より

$$
\begin{aligned}
S &= M + M(1+i) + \cdots + M(1+i)^{n-2} + M(1+i)^{n-1} \\
&= M\sum_{k=0}^{n-1}(1+i)^k \\
&= M\frac{(1+i)^n - 1}{i}
\end{aligned}
\tag{8.5}
$$

公比が $(1+i)$ の等比級数であるから

を得ます．$\{(1+i)^n - 1\}/i$ を**年金終価係数**といい，記号 $[M \to S]_n^{100i}$ で表します．すなわち，次のとおりです．

$$
[M \to S]_n^{100i} = \frac{(1+i)^n - 1}{i} \tag{8.6}
$$

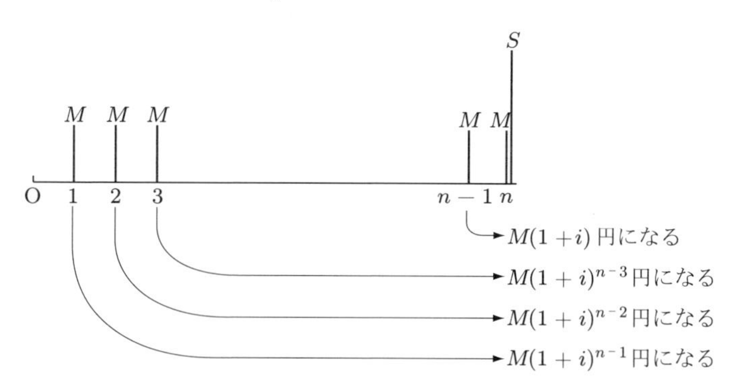

図 8.2　年金と終価の関係

> **例題 8.3**　伊藤君は老後のために，冬のボーナスから毎年 50 万円を預金している．30 年後の元利合計はいくらになるであろうか．年利率が 2%と 5%のときに計算せよ．

解答

$$
[M \to S]_{30}^{2\%} = 38.14, \quad [M \to S]_{30}^{5\%} = 66.44
$$

です．ここで，$[M \to S]_{30}^{2\%}$ の値は付表 6 から $[M \to S]_{30}^{3\%} = 47.575$, $[M \to S]_{30}^{5\%} = 66.439$ であるので，

$$[M \to S]_{30}^{2\%} = 47.575 - \frac{66.439 - 47.575}{5 - 3} = 38.143$$

で求めました．よって，年利率が2%のときには，毎年末に50万円ずつ預金すれば，30年間で $50 \times 38.14 = 1907$ 万円になります．また，年利率が5%ならば，3322万円になります．

■

►**注** $[M \to S]_{30}^{2\%}$ は付表6にないので近似値を求めましたが，式(8.6)から直接計算すると $[M \to S]_{30}^{2\%} = 40.57$ になり，これが正規の値です．

8.1.4 減債基金係数

n 年後に S 円が必要であるので，毎年末に一定額 M 円を預金して，n 年後の元利合計を S 円にしたいとします．このとき，毎年末の預金額 M をいくらにすればよいでしょうか．年利率を $100i\,[\%]$ とすれば，式(8.5)から

$$M = \frac{i}{(1+i)^n - 1} S \tag{8.7}$$

を得ます．このとき $i/\{(1+i)^n - 1\}$ を**減債基金係数**といい，記号 $[S \to M]_n^{100i}$ で表すので，次のとおりになります．

$$[S \to M]_n^{100i} = \frac{i}{(1+i)^n - 1} \tag{8.8}$$

例題 8.4 小松崎君は結婚資金のために，冬のボーナスの一定額を預金することにした．結婚資金として，1000万円を確保するには，毎年末にいくらずつ預金すればよいか．年利率3%として，小松崎君の結婚が10年後，または15年後ならばいくら預金すればよいかを計算せよ．

解答 付表5から

$$[S \to M]_{10}^{3\%} = 0.087, \quad [S \to M]_{15}^{3\%} = 0.054$$

であるので，小松崎君の結婚が10年後ならば，毎年末に $0.087 \times 1000 = 87$ 万円を，15年後に結婚ならば，毎年末に54万円を預金すればよいです．■

例題 8.5 小松崎君は，毎年末にボーナスから30万円を預金するのが精一杯である．それでは，小松崎君が結婚資金1000万円を確保するには，何年必要か．年利率3%と5%で計算せよ．

解答 $M = 30$, $S = 1000$ であるので，3%のときは

$$1000[S \to M]_n^{3\%} \leqq 30$$

を満たす最小の整数 n を求めればよいです．付表 5 から

$$[S \to M]_{23}^{3\%} = 0.031, \quad [S \to M]_{24}^{3\%} = 0.029$$

であるので，年利率が 3%ならば，小松崎君の結婚は 24 年後です．もし，年利率が 5%ならば，付表 5 から

$$1000[S \to M]_n^{5\%} \leqq 30$$

を満たす最小の整数を求めればよく，

$$[S \to M]_{20}^{5\%} = 0.0302, \quad [S \to M]_{21}^{5\%} = 0.028$$

であるので，結婚は 21 年後です． ■

8.1.5 資本回収係数

いま銀行から年利率 $100i$ [%] で P 円を借りたとき，これを今後 n 年間で毎年末に均等額で返済したいとします．毎年末の返済額を M とすると，式 (8.1), (8.7) より

$$M = \frac{i}{(1+i)^n - 1} S = \frac{i}{(1+i)^n - 1} \times (1+i)^n P \tag{8.9}$$

を得ます．このとき，$[i/\{(1+i)^n - 1\}] \times (1+i)^n$ を**資本回収係数**といい，記号 $[P \to M]_n^{100i}$ で表します．すなわち，

$$[P \to M]_n^{100i} = \frac{i}{(1+i)^n - 1} \times (1+i)^n = \frac{i}{1-(1+i)^{-n}} \tag{8.10}$$

です．式 (8.9) の求め方より，

$$[P \to M]_n^{100i} = [P \to S]_n^{100i} \times [S \to M]_n^{100i} \tag{8.11}$$

という関係が成立します．

> **例題 8.6** 磯野君はゼミ仲間の長尾君からカメラを 50 万円で買うことにしたが，50 万円を一括で払うことはできないので，5 年間の間年末に一定額を返すことにした．年利率については，交渉で 3%にすることにした．磯野君は長尾君に毎年末いくら支払えばよいか．

解答 付表 3 から

$$[P \to M]_5^{3\%} = 0.218$$

であるので，磯野君は毎年末 $50 \times 0.218 = 10.9$ 万円支払えばよいです． ■

例題 8.7 長尾君はゼミの先輩に頼まれて，年金保険に加入した．この保険は，毎年末に20万円を30年間預けると，31年後から20年間にわたり毎年末に一定額の年金を受け取ることができる．この保険は年利率5%を保証する商品である．さて，長尾君が受け取る年金はいくらか．

解答 30年間年末に20万円を預けると，付表6より

$$20 \times [M \to S]_{30}^{5\%} = 20 \times 66.44 = 1328.8$$

になります．よって，長尾君が31年目から20年間にわたってもらえる年金額 M は

$$M = 1328.8 \times [P \to M]_{20}^{5\%} = 1328.8 \times 0.080 = 106.3 \text{ 万円}$$

です． ■

8.1.6 年金現価係数

今後 n 年間の間毎年末に M 円ずつ年金を受け取るためには，いまいくら銀行に預ければよいでしょうか．年利率を $100i$ [%] とすると，いま預けるべき額 P は，式 (8.9) より

$$P = \frac{(1+i)^n - 1}{i(1+i)^n} M \tag{8.12}$$

です．そして，$\{(1+i)^n - 1\}/\{i(1+i)^n\}$ を**年金現価係数**といい，記号 $[M \to P]_n^{100i}$ で表されるので，次式を得ます．

$$[M \to P]_n^{100i} = \frac{(1+i)^n - 1}{i(1+i)^n} = \frac{1-(1+i)^{-n}}{i} \tag{8.13}$$

例題 8.8 秦野君は，今年末から30年間にわたり年末に90万円を受け取る年金保険に加入しようか検討している．この保険の加入金は1765万円である．銀行に預けると年利率4%の定期預金がある．秦野君はこの保険に加入すべきか．

解答 この問題は

$$90[M \to P]_{30}^{100i} = 1765$$

を満たしているので，

$$[M \to P]_{30}^{100i} = \frac{1765}{90} = 19.6$$

です．付表4からこの保険の年利率は3%であるので，この年金保険には加入すべきでないといえます． ■

8.2 応用例

金利計算の公式を現実の問題に適用します.

例題 8.9 元吉君は,二つの保険会社の年金保険のどれに加入しようか迷っている.

① A 社のものは,今後 30 年間年末に 20 万円ずつ支払うと,31 年目の年末から 20 年間にわたり 100 万円の年金を受け取ることができる.
② B 社のものは,今後 30 年間年末に 30 万円ずつ支払うと,31 年目の年末から 20 年間にわたり 170 万円の年金を受け取ることができる.

さて,計算利率(簡便な計算のために利用される平均的な利率)が 4%であるとき,元吉君はどちらの年金保険に加入したほうがよいか.また,計算利率が 6%のときはどちらがよいか.

解答 まず,計算利率が 4%の場合を考えます.30 年間年末に 20 万円,30 万円を預金すると,

$$20 \times [M \to S]_{30}^{4\%} = 20 \times 56.08 = 1121.6\,\text{万円}$$

$$30 \times [M \to S]_{30}^{4\%} = 30 \times 56.08 = 1682.4\,\text{万円}$$

になります.ここで,$[M \to S]_{30}^{4\%} = \{(1.04)^{30} - 1\}/0.04$ であり,$(1.04)^{30} = 3.2433$ が簡単に計算できるので,$[M \to S]_{30}^{4\%} = 56.08$ を得ました.よって,

① A 案(A 社に加入)は,初期投資として 1121.6 万円投資すると,今後 20 年間にわたり毎年 100 万円の報収を得る.
② B 案(B 社に加入)は,初期投資として,1682.4 万円投資すると,今後 20 年間にわたり毎年 170 万円の報収を得る.

で与えられる二つの案から一つを選択することになります.30 年後を時刻 0 として図示すると,図 8.3 を得ます.

(a) 現価法:現価法は,初期投資と報収をすべて現価(時刻 0 での価値)に換算して比較する方法です.A 案の正味現価を P_{A} とすると

$$P_{\mathrm{A}} = 100[M \to P]_{20}^{4\%} - 1121.6 = 100 \times 13.59 - 1121.6 = 237.4$$

であり,B 案の正味原価を P_{B} とすると

$$P_{\mathrm{B}} = 170[M \to P]_{20}^{4\%} - 1682.4 = 170 \times 13.59 - 1682.4 = 627.9$$

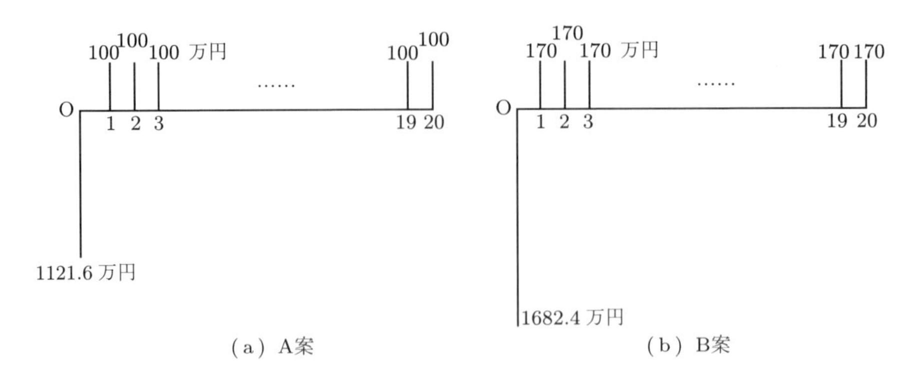

図 8.3　年金保険の構成図

です．ここで，$[M \to P]_{20}^{4\%} = \{(1.04)^{20} - 1\}/\{0.04(1.04)^{20}\}$ であり，$(1.04)^{20} = 2.1911$ であるので，$[M \to P]_{20}^{4\%} = 13.59$ を得ました．よって，B 案のほうが現価で 390.5 万円有利です．

(b) 終価法：終価法とは，初期投資と毎年の報収を終価（時刻 20 での価値）に換算して比較する方法です．それぞれの案の正味終価を $S_{\rm A}$, $S_{\rm B}$ とすると，

$$\begin{aligned} S_{\rm A} &= 100[M \to S]_{20}^{4\%} - 1121.6[P \to S]_{20}^{4\%} \\ &= 100 \times 29.78 - 1121.6 \times 2.19 = 521.7 \\ S_{\rm B} &= 170[M \to S]_{20}^{4\%} - 1682.4[P \to S]_{20}^{4\%} \\ &= 170 \times 29.78 - 1682.4 \times 2.19 = 1378.1 \end{aligned}$$

です．ここで，$[M \to S]_{20}^{4\%} = \{(1.04)^{20} - 1\}/0.04 = 1.1911/0.04 = 29.78$ を得ました．よって，B 案のほうが終価で 856.4 万円有利です．

(c) 年価法：年価法は，初期投資と毎年の報収を年価に換算して比較する方法です．それぞれの案の正味年価（正味年金）を $M_{\rm A}$, $M_{\rm B}$ とすると，

$$M_{\rm A} = 100 - 1121.6[P \to M]_{20}^{4\%} = 100 - 1121.6 \times 0.074 = 17.0$$
$$M_{\rm B} = 170 - 1682.4[P \to M]_{20}^{4\%} = 170 - 1682.4 \times 0.074 = 45.5$$

です．ここで，$[P \to M]_{20}^{4\%} = 1/[M \to P]_{20}^{4\%} = 1/13.59 = 0.074$ を得ました．よって，B 案のほうが年金価値で 28.5 万円有利です．

(a)〜(c) いずれの結果からも，B 社に加入したほうがよいとわかります．

つぎに，計算利率が 6%の場合を考えます．30 年間年末に，20 万円，30 万円を預金すると，

$$20[M \to S]_{30}^{6\%} = 20 \times 79.06 = 1581.2$$
$$30[M \to S]_{30}^{6\%} = 30 \times 79.06 = 2371.8$$

になります．よって，

①′ A 案は，初期投資として 1581.2 万円投資すると，今後 20 年間にわたり毎年 100 万円の報収を得る．

②′ B 案は，初期投資として 2371.8 万円投資すると，今後 20 年間にわたり毎年 170 万円の報収を得る．

であるので，現価法でどちらが有利かを判定します．A 案，B 案の正味現価を P_{A}, P_{B} とすると，

$$P_{\mathrm{A}} = 100[M \to P]_{20}^{6\%} - 1581.2 = 100 \times 11.47 - 1581.2 = -434.2\text{万円}$$
$$P_{\mathrm{B}} = 170[M \to P]_{20}^{6\%} - 2371.8 = 170 \times 11.47 - 2371.8 = -421.9\text{万円}$$

です．この期間の平均的な利率（計算利率）が 6%のときには，A 案，B 案とも元吉君にとって不利ですが，どちらかといえば B 案のほうがよいです．この手の問題は，50 年間の利率をどう見るかで有利さが違ってきます． ■

►注　現価法，終価法または年価法のどれを用いるかは，解析する人がどの時点の価値に興味をもっているかで決めます．

8.3 報収率と追加報収率

報収率と追加報収率を定義し，それらがどういう問題に対して有効な尺度となるかを解説します．

例題 8.10　鶴岡君は，資金 500 万円を 5 年間運用して増やしたいと考えている．鶴岡君が検討している案は次の二つである．

A 案：初期投資として 200 万円投資すると，今後 5 年間にわたり毎年 50 万円の報収を得る．

B 案：初期投資として 500 万円投資すると，今後 5 年間にわたり毎年 115 万円の報収を得る．

余った資金は年利率 2%の銀行の定期預金に預けることにしている．さて，鶴岡君はどうすればよいか．

解答　この例題を終価法で評価してみましょう．鶴岡君が 500 万円を定期預金すれば，5 年後の元利合計は，

$$500 \times [P \to S]_5^{2\%} = 500 \times 1.104 = 552\text{万円}$$

になります．ここで，$[P \to S]_5^{2\%} = (1.02)^5 = 1.104$ と求めました．もし，鶴岡君が A 案

に投資したとすると，この 552 万円よりいくら多くなるかが A 案の正味終価 S_{A} であり，

$$\begin{aligned} S_{\mathrm{A}} &= 50[M \to S]_5^{2\%} - 200[P \to S]_5^{2\%} \\ &= 50 \times 5.204 - 200 \times 1.104 = 39.4 \text{ 万円} \end{aligned}$$

です．ここで，$[M \to S]_5^{2\%} = \{(1.02)^5 - 1\}/0.02 = 5.204$ を得ました．すなわち，鶴岡君が A 案に投資すれば，5 年後の元利合計は $552 + 39.4 = 591.4$ 万円になります．一方，B 案に投資したときの正味終価 S_{B} は

$$\begin{aligned} S_{\mathrm{B}} &= 115[M \to S]_5^{2\%} - 500[P \to S]_5^{2\%} \\ &= 115 \times 5.204 - 500 \times 1.104 = 46.46 \text{ 万円} \end{aligned}$$

であるので，B 案に投資すれば，5 年後の元利合計は $552 + 46.46 = 598.46$ 万円となります．よって，B 案のほうが有利です．■

○報収率

例題 8.10 を用いて，報収率を説明します．A 案は，初期投資額が 200 万円で，毎年の報収が 50 万円が 5 年間にわたってもらえるので，

$$200 = 50[M \to P]_5^{r_{\mathrm{A}}}$$

または

$$200[P \to M]_5^{r_{\mathrm{A}}} = 50$$

を満たす r_{A} を A 案の**報収率**といいます．

$$[P \to M]_5^{r_{\mathrm{A}}} = \frac{50}{200} = 0.25$$

であるので，付表 3 から $r_{\mathrm{A}} \fallingdotseq 8\%$ です．同様に，B 案の報収率は

$$[P \to M]_5^{r_{\mathrm{B}}} = \frac{115}{500} = 0.23$$

であるので，$r_{\mathrm{B}} \fallingdotseq 5\%$ です．

報収率は B 案より A 案のほうが高いから A 案のほうが有利というのは正しくありません．A 案は報収率は高いですが 200 万円しか投資できないのです．B 案のほうは A 案より報収率は低いですが 500 万円も投資できるので，結果的に B 案のほうが有利になったのです．この例題の尺度として，報収率は有効ではなかったですが，8.4 節で検討する「**独立的諸案からの選択**」の場合には有効な尺度となります．

○追加報収率

例題 8.10 のように，いくつかの案の中から最適な案を一つ選ぶという「**排反的諸**

案からの選択」の場合には，**追加報収率**が有効な尺度となります．A 案の報収率は $r_A = 8\%$であるから，銀行の定期預金の年利率 2%より高いので，少なくとも A 案に 200 万円の投資をすることは有利です．

銀行に 500 万円を預金するよりも，A 案に 200 万円投資したほうが有利ですが，残りの 300 万円を追加して B 案に投資するとどうでしょうか．300 万円を追加して A 案から B 案に移ると毎年の報収が 50 万円から 115 万円に増加するので，300 万円追加投資することによって，毎年 $115 - 50 = 65$ 万円の追加報収が生じます．この**追加投資案**を

B′ 案：初期投資として 300 万円投資すると，今後 5 年間にわたり毎年 65 万円の報収を得る．

とすると，B′ 案の報収率（これを**追加報収率**といいます）は

$$[P \to M]_5^{r_{B'}} = \frac{65}{300} = 0.217$$

より求められるので，付表 3 から，$r_{B'} \fallingdotseq 3\%$です．ゆえに，定期預金の年利率 2%より高いので，300 万円を追加投資して，A 案から B 案に移ったほうが有利です．このように排反的諸案からの選択の場合には，追加報収率が有効な尺度となります（8.5 節も参照）．

8.4 独立案からの選択——資金が許すかぎりいくつでも選択

各案の中からいくつ採択してもよく，どういうとり方をしても各案が互いに干渉し合わない場合，各案は互いに独立であるといいます．独立案からの選択の場合には，資金の許すかぎり有利な案をいくつでも選択することができます．

例題 8.11　飯島君は自己資金 1000 万円を 10 年間運用して増やしたいと考えている．検討している案はつぎの案である．

A 案：初期投資として 100 万円投資すると，今後 10 年間にわたり毎年末に 13 万円の報収を得る．

B 案：初期投資として 200 万円投資すると，今後 10 年間にわたり毎年末に 24.5 万円の報収を得る．

C 案：初期投資として 300 万円投資すると，今後 10 年間にわたり毎年末に 34 万円の報収を得る．

D 案：初期投資として 400 万円投資すると，今後 10 年間にわたり毎年末に 43 万円の報収を得る．

飯島君にとって，この 4 案以外に資金を確実に運用する方法としては，年利率 2%の定期預金が最善である．さて，飯島君はどのように運用したらよいか．

解答 正味現価，正味終価，正味年価および報収率を用いて，この例題を解いてみます．

(a) 現価法：正味現価とは，年利率 2%の定期預金で運用するより，各案で運用したほうが現価に換算してどのくらい有利であるかという額であるので，独立案からの選択の場合には，正味現価が正の案をすべて採用すればよいです．

A, B, C, D 案の正味原価をそれぞれ P_{A}, P_{B}, P_{C}, P_{D} とおくと，

$$P_{\mathrm{A}} = 13[M \to P]_{10}^{2\%} - 100 = 13 \times 8.98 - 100 = 16.74 \text{万円}$$
$$P_{\mathrm{B}} = 24.5[M \to P]_{10}^{2\%} - 200 = 24.5 \times 8.98 - 200 = 20.01 \text{万円}$$
$$P_{\mathrm{C}} = 34[M \to P]_{10}^{2\%} - 300 = 34 \times 8.98 - 300 = 5.32 \text{万円}$$
$$P_{\mathrm{D}} = 43[M \to P]_{10}^{2\%} - 400 = 43 \times 8.98 - 400 = -13.86 \text{万円}$$

です．ここで，$[M \to P]_{10}^{2\%} = \{(1.02)^{10} - 1\}/\{0.02(1.02)^{10}\} = (1.219 - 1)/\{0.02(1.219)\} = 8.98$ と求めました．よって，飯島君は A 案，B 案，C 案に投資し，残りの 400 万円は定期預金にすればよいです．

(b) 終価法：正味終価とは，年利率 2%の定期預金で運用するよりも，各案で運用したほうが終価に換算してどのくらい有利であるかという額であるので，独立案からの選択の場合には，正味終価が正の案をすべて採用すればよいです．

各案の正味終価は

$$\begin{aligned} S_{\mathrm{A}} &= 13[M \to S]_{10}^{2\%} - 100[P \to S]_{10}^{2\%} \\ &= 13 \times 10.95 - 100 \times 1.219 = 20.45 \text{万円} \end{aligned}$$
$$\begin{aligned} S_{\mathrm{B}} &= 24.5[M \to S]_{10}^{2\%} - 200[P \to S]_{10}^{2\%} \\ &= 24.5 \times 10.95 - 200 \times 1.219 = 24.48 \text{万円} \end{aligned}$$
$$\begin{aligned} S_{\mathrm{C}} &= 34[M \to S]_{10}^{2\%} - 300[P \to S]_{10}^{2\%} \\ &= 34 \times 10.95 - 300 \times 1.219 = 6.6 \text{万円} \end{aligned}$$
$$\begin{aligned} S_{\mathrm{D}} &= 43[M \to S]_{10}^{2\%} - 400[P \to S]_{10}^{2\%} \\ &= 43 \times 10.95 - 400 \times 1.219 = -16.75 \text{万円} \end{aligned}$$

です．ここで，$[M \to S]_{10}^{2\%} = \{(1.02)^{10} - 1\}/0.02 = (1.219 - 1)/0.02 = 10.95$, $[P \to S]_{10}^{2\%} = (1.02)^{10} = 1.219$ と求めました．よって，A 案，B 案，C 案に投資し，残りは定期預金すればよいです．

(c) 年価法：正味年価とは，資金を年利率2%の定期預金で運用するより各案で運用したほうが年金に換算してどのくらい有利かという額であるので，独立案からの選択の場合には，正味年価が正の案をすべて採用します．

各案の正味年価は

$$M_A = 13 - 100[P \to M]_{10}^{2\%} = 13 - 100 \times 0.1113 = 1.87\,万円$$

$$M_B = 24.5 - 200[P \to M]_{10}^{2\%} = 24.5 - 200 \times 0.1113 = 2.24\,万円$$

$$M_C = 34 - 300[P \to M]_{10}^{2\%} = 34 - 300 \times 0.1113 = 0.61\,万円$$

$$M_D = 43 - 400[P \to M]_{10}^{2\%} = 43 - 400 \times 0.1113 = -1.51\,万円$$

です．ここで，$[P \to M]_{10}^{2\%} = 1/[M \to P]_{10}^{2\%} = (0.02 \times 1.219)/(1.219 - 1) = 0.1113$と求めました．よって，A案，B案，C案を採用し，残りは定期預金にします．

(d) 報収率による解法：独立案からの選択の場合には，報収率が定期預金の年利率2%より高い案をすべて採用します．

A案の報収率r_Aは

$$100[P \to M]_{10}^{r_A} = 13 \quad または \quad 13[M \to P]_{10}^{r_A} = 100$$

すなわち，

$$[P \to M]_{10}^{r_A} = \frac{13}{100} = 0.13 \quad または \quad [M \to P]_{10}^{r_A} = \frac{100}{13} = 7.69$$

の解であるので，付表3から$r_A = 5\%$を得ます．同様にして，B案，C案，D案の報収率r_B, r_C, r_Dはそれぞれ

$$[P \to M]_{10}^{r_B} = \frac{24.5}{200} = 0.1225, \quad [P \to M]_{10}^{r_C} = \frac{34}{300} = 0.1133,$$
$$[P \to M]_{10}^{r_D} = \frac{43}{400} = 0.1075$$

の解であるから，付表3より

$$r_B = 4\%, \quad r_C = 2.5\%, \quad r_D = 1.5\%$$

を得ます．ここで，付表3より$[P \to M]_{10}^{1\%} = 0.10558$, $[P \to M]_{10}^{3\%} = 0.11723$であるので，

$$r_C = 1 + (3-1) \times \frac{0.1133 - 0.10558}{0.11723 - 0.10558} = 1 + 2 \times 0.663 = 2.326$$

となるので，$r_C \fallingdotseq 2.5\%$としました．また，

$$r_D = 1 + (3-1) \times \frac{0.1075 - 0.10558}{0.11723 - 0.10558} = 1 + 2 \times 0.165 = 1.33$$

となるので，$r_D \fallingdotseq 1.5\%$としました．よって，定期預金の年利率2%より高い案，A案，B案，C案を採用し，残りは定期預金とします．■

例題 8.12　例題 8.11 において，定期預金の年利率が 3%だったら，飯島君はどのように資金を運用すればよいか．

解答　もし，現価法を適用すると，各案の正味現価は

$$P_{\mathrm{A}} = 13[M \to P]_{10}^{3\%} - 100 = 13 \times 8.53 - 100 = 10.89\text{ 万円}$$

$$P_{\mathrm{B}} = 24.5[M \to P]_{10}^{3\%} - 200 = 24.5 \times 8.53 - 200 = 8.99\text{ 万円}$$

$$P_{\mathrm{C}} = 34[M \to P]_{10}^{3\%} - 300 = 34 \times 8.53 - 300 = -9.98\text{ 万円}$$

$$P_{\mathrm{D}} = 43[M \to P]_{10}^{3\%} - 400 = 43 \times 8.53 - 400 = -33.21\text{ 万円}$$

となるので，A 案，B 案に投資し，残りの 700 万円は定期預金にすればよいです．

一方，報収率を用いれば，例題 8.11 で求めた各案の報収率は

$$r_{\mathrm{A}} = 5\%, \quad r_{\mathrm{B}} = 4\%, \quad r_{\mathrm{C}} = 2.5\%, \quad r_{\mathrm{D}} = 1.5\%$$

であるので，定期預金の年利率 3%より高い A 案と B 案に投資し，残りの 700 万円は年利率 3%の定期預金にすればよいです．■

以上のように，計算利率が変化しても，報収率を用いる場合には，正味原価のように新たに計算をしなおす必要がないので，解析が簡単です．

8.5 排反案からの選択――いくつかの案から一案のみ選択

いくつかの案の中から最適な案を一つだけ選択するタイプの問題を，排反案からの選択といいます．選択の方法を次の例題を通して解説します．

例題 8.13　池田工業では，ある工程をロボット化するかどうかを検討している．ロボット化するための資金は，銀行から年利率 4%で借りることにしている．

池田工業が検討している作業ロボットは，表 8.1 に示す三つである．工程をロボット化すると，毎年 850 万円の収益があることがわかっている．A ロボットは値段は 2000 万円と一番安いが，そのかわりに毎年の操業費用が 566 万円かかる．B, C ロボットについても表 8.1 のようである．この三つのロボットの耐用年数は 10 年である．このとき，池田工業ではロボット化したほうがよいだろうか．もし，ロボット化するならば，どのロボットがよいだろうか．

表 8.1　投資案

	初期投資	収益/年	操業費用/年
A ロボット	2000	850	566
B ロボット	4000	850	307
C ロボット	6000	850	73

（単位：万円）

解答　正味現価，正味終価，正味年価および追加報収率を用いて解いてみましょう．

表 8.1 を整理すると，表 8.2 となります．表 8.2 の報収は，毎年の収益から操業費用を引いた額です．

表 8.2　投資と報収

	初期投資	報収/年
A ロボット	2000	284
B ロボット	4000	543
C ロボット	6000	777

（単位：万円）

(a) 現価法：排反案からの選択の場合には，正味現価が正の案の中でその値がいちばん大きい案を選択します．各案の正味現価は，

$$P_{\mathrm{A}} = 284[M \to P]_{10}^{4\%} - 2000 = 284 \times 8.11 - 2000 = 303.24\text{ 万円}$$

$$P_{\mathrm{B}} = 543[M \to P]_{10}^{4\%} - 4000 = 543 \times 8.11 - 4000 = 403.73\text{ 万円}$$

$$P_{\mathrm{C}} = 777[M \to P]_{10}^{4\%} - 6000 = 777 \times 8.11 - 6000 = 301.47\text{ 万円}$$

です．ここで，$[M \to P]_{10}^{4\%} = \{(1.04)^{10} - 1\}/\{0.04(1.04)^{10}\} = (1.480 - 1)/(0.04 \times 1.480) = 8.11$ と求めました．よって，池田工業では，この工程をロボット化し，B ロボットを採用すればよいです．

(b) 終価法：排反案からの選択の場合には，正味終価が正の案の中でその値がいちばん大きい案を選択します．各案の正味終価は

$$S_{\mathrm{A}} = 284[M \to S]_{10}^{4\%} - 2000[P \to S]_{10}^{4\%}$$
$$= 284 \times 12.00 - 2000 \times 1.480 = 448\text{ 万円}$$

$$S_{\mathrm{B}} = 543[M \to S]_{10}^{4\%} - 4000[P \to S]_{10}^{4\%}$$
$$= 543 \times 12.00 - 4000 \times 1.480 = 596\text{ 万円}$$

$$S_{\mathrm{C}} = 777[M \to S]_{10}^{4\%} - 6000[P \to S]_{10}^{4\%}$$
$$= 777 \times 12.00 - 6000 \times 1.480 = 444\text{ 万円}$$

です．ここで，$[M \to S]_{10}^{4\%} = \{(1.04)^{10} - 1\}/0.04 = (1.480 - 1)/0.04 = 12.00$ と求めました．よって，B ロボットでロボット化するのがよいです．

(c) 年価法：排反案からの選択の場合には，正味年価が正の案の中でその値がいちばん大きい案を選択します．各案の正味年価は，

$$M_{\mathrm{A}} = 284 - 2000[P \to M]_{10}^{4\%} = 284 - 2000 \times 0.1233 = 37.4 \text{ 万円}$$
$$M_{\mathrm{B}} = 543 - 4000[P \to M]_{10}^{4\%} = 543 - 4000 \times 0.1233 = 49.8 \text{ 万円}$$
$$M_{\mathrm{C}} = 777 - 6000[P \to M]_{10}^{4\%} = 777 - 6000 \times 0.1233 = 37.2 \text{ 万円}$$

です．ここで，$[P \to M]_{10}^{4\%} = 1/[M \to P]_{10}^{4\%} = (0.04 \times 1.480)/(1.480 - 1) = 0.1233$ と求めました．よって，B ロボットを採用すればよいです．

(d) 追加報収率による解法：A ロボットを採用する案の報収率を r_{A} とすると，

$$2000[P \to M]_{10}^{r_{\mathrm{A}}} = 284$$

すなわち，

$$[P \to M]_{10}^{r_{\mathrm{A}}} = \frac{284}{2000} = 0.142$$

と付表 3 から，$r_{\mathrm{A}} = 7\%$です．ゆえに，資金 2000 万円を年利率 4%で借りて，A ロボットを購入してこの工程をロボット化したほうが有利です．

さらに，2000 万円を追加投資して B ロボットを採用すると，毎年の報収が 284 万円から 543 万円に増加するので，毎年 $543 - 284 = 259$ 万円の追加報収が生じます．この追加投資案を B′ 案とおくと，B′ 案の報収率（追加報収率）$r_{\mathrm{B'}}$ は，

$$[P \to M]_{10}^{r_{\mathrm{B'}}} = \frac{259}{2000} = 0.1295$$

の解であるので，付表 3 より $r_{\mathrm{B'}} = 5\%$です．よって，資金 2000 万円を年利率 4%で借りて，B′ 案に投資したほうが有利です．すなわち，2000 万円を追加投資して，B ロボットを採用したほうが有利です．

さらに，2000 万円を追加投資して C ロボットを採用すると，毎年 $777 - 543 = 234$ 万円の追加報収が生じます．この追加投資案を C′ 案とおくと，C′ 案の報収率（追加報収率）$r_{\mathrm{C'}}$ は

$$[P \to M]_{10}^{r_{\mathrm{C'}}} = \frac{234}{2000} = 0.117$$

の解であるので，付表 3 より $r_{\mathrm{C'}} = 3\%$です．これは資金の借り出し利率 4%より低いので，この 2000 万円の追加投資は不利です．

表 8.3 にまとめたように，A, B′, C′ 案の追加報収率は，上述の計算より

$$r_{\mathrm{A}} = 7\%, \quad r_{\mathrm{B'}} = 5\%, \quad r_{\mathrm{C'}} = 3\%$$

であるので，計算利率 4%より大きい A 案と B′ 案を採用すればよいです．すなわち，A 案＋B′ 案＝B 案 を採用すればよいです．よって，池田工業では B ロボットを採用します．

表 8.3　追加投資案

	追加投資	追加報収
A 案	2000	284
B′ 案 (A → B)	2000	259
C′ 案 (B → C)	2000	234

（単位：万円）

■

例題 8.14 例題 8.13 において，資金を銀行から年利率 8%または 2%で借りるときには，池田工業ではどう対応すればよいか．

解答 まず，計算利率が 8%の場合を考えます．もし年価法を適用すると，各案の正味年価は

$$M_{\mathrm{A}} = 284 - 2000[P \to M]_{10}^{8\%} = 284 - 2000 \times 0.1490 = -14 \text{万円}$$
$$M_{\mathrm{B}} = 543 - 4000[P \to M]_{10}^{8\%} = 543 - 4000 \times 0.1490 = -53 \text{万円}$$
$$M_{\mathrm{C}} = 777 - 6000[P \to M]_{10}^{8\%} = 777 - 6000 \times 0.1490 = -117 \text{万円}$$

であるので，池田工業ではロボット化はしないほうがよいです．

一方，追加報収率を用いると，例題 8.13 から，追加投資案 A, B$'$, C$'$ 案の追加報収率は

$$r_{\mathrm{A}} = 7\%, \quad r_{\mathrm{B'}} = 5\%, \quad r_{\mathrm{C'}} = 3\%$$

であり，これはすべて借し出し利率 8%より低いので，ロボット化は採用しないほうがよいです．

つぎに，計算利率が 2%の場合を考えると，すべての追加投資案の追加報収率が借し出し率 2%より高いので，すべての案 A, B$'$, C$'$ 案を採用したほうが有利であり，池田工業では，C ロボットを採用したほうがよいです．これを現価法で検討すると，各案の正味現価は

$$M_{\mathrm{A}} = 284 - 2000[P \to M]_{10}^{2\%} = 284 - 2000 \times 0.1113 = 61.4 \text{万円}$$
$$M_{\mathrm{B}} = 543 - 4000[P \to M]_{10}^{2\%} = 543 - 4000 \times 0.1113 = 97.8 \text{万円}$$
$$M_{\mathrm{C}} = 777 - 6000[P \to M]_{10}^{2\%} = 777 - 6000 \times 0.1113 = 109.2 \text{万円}$$

です（例題 8.11 の (c) より $[P \to M]_{10}^{2\%} = 0.1113$）．よって，$M_{\mathrm{C}}$ の値がいちばん大きいので，借し出し利率が 2%のときは，銀行から 6000 万円を借りて C ロボットを採用すればもっとも有利になります． ■

演習問題 8章

8.1 勝俣君は自己資金 2000 万円を 10 年間運用することとし，検討している案は以下のとおりである．

A 案：初期投資として 300 万円投資すると，今後 10 年間にわたり毎年末に 42.7 万円の報収を得る．

B 案：初期投資として 700 万円投資すると，今後 10 年間にわたり毎年末に 90.7 万円の報収を得る．

C 案：初期投資として 1000 万円投資すると，今後 10 年間にわたり毎年末に 105.6 万

円の報収を得る．

勝俣君にとって，この 3 案以外の運用方法は年利率 3%の定期預金が最善である．さて，勝俣君は資金をどう運用すればよいか．

8.2 池田工業では，事務の OA 化の検討に入った．この資金は，銀行から年利率 5%で借りることにしている．検討している OA 機器は，表 8.4 の 3 機種である．OA 化すると，毎年 1200 万円の収益があるが，機種によって操業費用の違いがある．検討している機種の耐用年数は 8 年である．このとき，池田工業では，OA 化したほうがよいだろうか．もし OA 化するならば，どの機種を選択すればよいか．

表 8.4　投資と報収

機種	初期投資	収益/年	操業費用/年
A	1500	1200	950
B	2000	1200	880
C	3000	1200	750

（単位：万円）

付　録

この付録では，2 章で解説した AHP に関する補足説明を行います．2 章では，調和平均と幾何平均を用いて，AHP を身近な問題に適用しました．この二つの平均を含む平均法として一般平均があります．まず A.1 節で，一般平均を用いて AHP を実行するのに Excel を用いると便利なので，これを解説します．

A.1　一般平均と AHP（Excel の利用）

データ $x_1, \ldots, x_n$（これらはすべて正とする）が与えられたとき，**一般平均** (general mean) は

$$M_r = \left(\frac{1}{n}\sum_{i=1}^{n} x_i^r\right)^{1/r}, \quad r \neq 0$$

で与えられます．私たちがよく用いる平均法として，

① 最小値 $\min_i x_i$，② 調和平均 $\left(\frac{1}{n}\sum_{i=1}^{n} x_i^{-1}\right)^{-1}$，③ 幾何平均 $\sqrt[n]{\prod_{i=1}^{n} x_i}$，

④ 相加平均 $\frac{1}{n}\sum_{i=1}^{n} x_i$，⑤ 最大値 $\max_i x_i$

が有名です．この五つの平均法は，一般平均を用いて

① 最小値 $= \lim_{r\to-\infty} M_r$，② 調和平均 $= M_{-1}$，③ 幾何平均 $= \lim_{r\to 0} M_r$，
④ 相加平均 $= M_1$，⑤ 最大値 $= \lim_{r\to\infty} M_r$

で与えられます．よって，今後 Excel 上で一般平均で AHP を実行するときには，

① 最小値 $= M_{-300}$，② 調和平均 $= M_{-1}$，③ 幾何平均 $= M_{\frac{1}{10000}}$，
④ 相加平均 $= M_1$，⑤ 最大値 $= M_{300}$

とします．一般に，パラメータ r の値を指定して，Excel 上で一般平均を求め，パラメータ r の値を -300 とすれば，求めた一般平均は最小値であり，r の値を -1, $1/10000$,

1, 300 とすれば，その r に対応して求められる一般平均はそれぞれ調和平均，幾何平均，相加平均そして最大値です．

Excel の中に与えられている関数のメニューは「f_x」に提示されています．f_x では，最小値，調和平均，幾何平均，相加平均，最大値はそれぞれ，MIN, HARMEAN, GEOMEAN, AVERAGE そして MAX で与えられているので，上述の五つの平均法はそれを用いて計算できます．しかし，本節では，一般平均を Excel で求める手順を与えるので，この五つの平均法は，一般平均のパラメータ r を，-300, -1, $1/10000$, 1, 300 と変化させることで得られます．

A.1.1 一般平均を求める手順

Step0：一般平均のパラメータ r を

$$r = -1$$

とします．$r = -1$ であるので，ここで求められる一般平均は調和平均です．

Step1：一対比較行列 $A = (a_{ij})$ を与えます．

$$A = \begin{pmatrix} a_{11} & a_{12} & \cdots & a_{1n} \\ a_{21} & a_{22} & \cdots & a_{2n} \\ \vdots & \vdots & \ddots & \vdots \\ a_{n1} & a_{n2} & \cdots & a_{nn} \end{pmatrix}$$

なお，以下の図 A.1〜A.5 は，$A = \begin{pmatrix} 1 & 5 & 1/3 & 3 \\ 1/5 & 1 & 1/5 & 1/3 \\ 3 & 5 & 1 & 7 \\ 1/3 & 3 & 1/7 & 1 \end{pmatrix}$ の場合の例です．

Step2：$A_r = (a_{ij}^r)$ を作成します．そのために，たとえば A_r の $(1,1)$ 要素は，関数のメニュー f_x から POWER を取り出し，

POWER (A の $(1,1)$ 要素のセル番地，パラメータ r のセル番地)

とすれば求められます（図 A.1）．よって，次式を得ます．

$$A_r = \begin{pmatrix} a_{11}^r & a_{12}^r & \cdots & a_{1n}^r \\ a_{21}^r & a_{22}^r & \cdots & a_{2n}^r \\ \vdots & \vdots & \ddots & \vdots \\ a_{n1}^r & a_{n2}^r & \cdots & a_{nn}^r \end{pmatrix}$$

=POWER(B3,D1)

a_{11} 　 a_{11}^r

F3 　 =POWER(B3,D1)

	A	B	C	D	E	F	G	H	I	J	K	L
1	平均法	調和平均	r=-1			一般平均						
2		安全性	値段	大きさ	デザイン	Ar				ar	Mr	ウエイト
3	安全性	1	5	1/3	3	1	0.2	3	0.33333333	1.13333333	0.88235294	0.225817489
4	値段	1/5	1	1/5	1/3	5	1	5	3	3.5	0.28571429	0.073121853
5	大きさ	3	5	1	7	0.33333333	0.2	1	0.14285714	0.41904762	2.38636364	0.610733662
6	デザイン	1/3	3	1/7	1	3	0.33333333	7	1	2.83333333	0.35294118	0.090326995
7											3.90737204	

図 A.1 行列 A_r の計算

Step3：A_r の各行の相加平均からなるベクトル $\boldsymbol{a}_r$ を求めます．そのために，たとえば $\boldsymbol{a}_r$ の第 1 要素は，メニュー f_x から AVERAGE を取り出し，

AVERAGE (A_r の 1 行の要素を呼び込む)

で求められます（図 A.2）．よって，次式を得ます．

$$
\boldsymbol{a}_r = \begin{pmatrix} \dfrac{1}{n}\displaystyle\sum_{j=1}^{n} a_{1j}^r \\ \dfrac{1}{n}\displaystyle\sum_{j=1}^{n} a_{2j}^r \\ \vdots \\ \dfrac{1}{n}\displaystyle\sum_{j=1}^{n} a_{nj}^r \end{pmatrix}
$$

=AVERAGE(F3:I3)

$\boldsymbol{a}_r$の第 1 要素

J3 　 =AVERAGE(F3:I3)

	A	B	C	D	E	F	G	H	I	J	K	L
1	平均法	調和平均	r=-1			一般平均						
2		安全性	値段	大きさ	デザイン	Ar				ar	Mr	ウエイト
3	安全性	1	5	1/3	3	1	0.2	3	0.33333333	1.13333333	0.88235294	0.225817489
4	値段	1/5	1	1/5	1/3	5	1	5	3	3.5	0.28571429	0.073121853
5	大きさ	3	5	1	7	0.33333333	0.2	1	0.14285714	0.41904762	2.38636364	0.610733662
6	デザイン	1/3	3	1/7	1	3	0.33333333	7	1	2.83333333	0.35294118	0.090326995
7											3.90737204	

図 A.2 A_r の各行の相加平均

Step4：$\boldsymbol{a}_r$ の各要素の $1/r$ 乗を計算すれば，一対比較行列 A の各行の一般平均が求められます．そのために，メニュー f_x から POWER を呼び出し，各行の一般平均を要素とするベクトル $\boldsymbol{M}_r$ の第 1 要素は

POWER ($\boldsymbol{a}_r$ の第 1 要素，1/パラメータ r の値)

で与えられます（図 A.3）．これで求めた $\boldsymbol{M}_r$ が一対比較行列 A の各行の一般平均

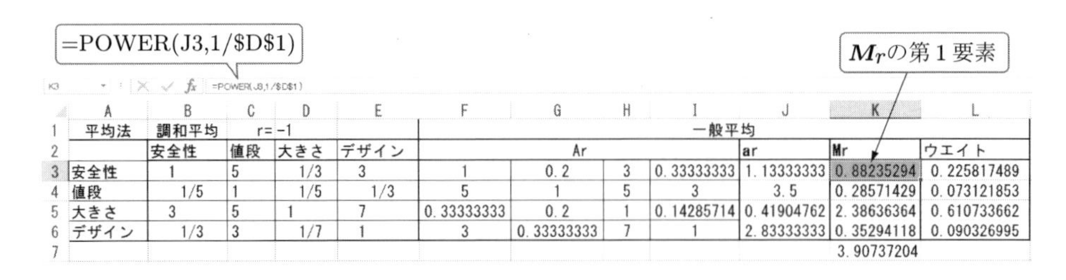

	A	B	C	D	E	F	G	H	I	J	K	L
1	平均法	調和平均	r= -1			一般平均						
2		安全性	値段	大きさ	デザイン	Ar				ar	Mr	ウエイト
3	安全性	1	5	1/3	3	1	0.2	3	0.33333333	1.13333333	0.88235294	0.225817489
4	値段	1/5	1	1/5	1/3	5	1	5	3	3.5	0.28571429	0.073121853
5	大きさ	3	5	1	7	0.33333333	0.2	1	0.14285714	0.41904762	2.38636364	0.610733662
6	デザイン	1/3	3	1/7	1	3	0.33333333	7	1	2.83333333	0.35294118	0.090326995
7											3.90737204	

図 A.3　一般平均 $\boldsymbol{M}_r$

=SUM(K3:K6)

	A	B	C	D	E	F	G	H	I	J	K	L
1	平均法	調和平均	r= -1			一般平均						
2		安全性	値段	大きさ	デザイン	Ar				ar	Mr	ウエイト
3	安全性	1	5	1/3	3	1	0.2	3	0.33333333	1.13333333	0.88235294	0.225817489
4	値段	1/5	1	1/5	1/3	5	1	5	3	3.5	0.28571429	0.073121853
5	大きさ	3	5	1	7	0.33333333	0.2	1	0.14285714	0.41904762	2.38636364	0.610733662
6	デザイン	1/3	3	1/7	1	3	0.33333333	7	1	2.83333333	0.35294118	0.090326995
7											3.90737204	

$\boldsymbol{M}_r$の要素の和

図 A.4　一般平均の和

=K3/K7

ウエイト・ベクトルの第 1 要素

	A	B	C	D	E	F	G	H	I	J	K	L
1	平均法	調和平均	r= -1			一般平均						
2		安全性	値段	大きさ	デザイン	Ar				ar	Mr	ウエイト
3	安全性	1	5	1/3	3	1	0.2	3	0.33333333	1.13333333	0.88235294	0.225817489
4	値段	1/5	1	1/5	1/3	5	1	5	3	3.5	0.28571429	0.073121853
5	大きさ	3	5	1	7	0.33333333	0.2	1	0.14285714	0.41904762	2.38636364	0.610733662
6	デザイン	1/3	3	1/7	1	3	0.33333333	7	1	2.83333333	0.35294118	0.090326995
7											3.90737204	

図 A.5　一般平均によるウエイト

を要素にもつベクトルであり，この要素の和（図 A.4）で各要素を割れば，ウエイト・ベクトルが求められます（図 A.5）．

► **注**　上述の手順は，$r = -1$ で実施しているので，$\boldsymbol{M}_r$ は調和平均であり，求めたウエイト・ベクトルは調和平均より求めたウエイトです．

ここで，Step0 の r の値を 1/10000 にすれば，$\boldsymbol{M}_r$ は一対比較行列 A の各行の幾何平均を要素とするベクトルであり，求めたウエイト・ベクトルは幾何平均より求めたウエイトです．

A.1.2　一般平均による AHP の手順

2 章で用いた新車の選択の問題で説明します（図 A.6）．この例題は調和平均で AHP を実行しているので，パラメータ r は次のようにします．

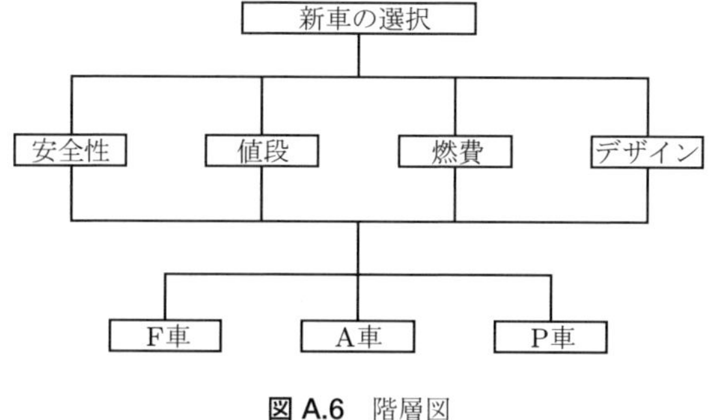

図 A.6　階層図

$$r = -1$$

まず，評価項目間の一対比較行列 A

$$A = \begin{pmatrix} 1 & 5 & 1/3 & 3 \\ 1/5 & 1 & 1/5 & 1/3 \\ 3 & 5 & 1 & 7 \\ 1/3 & 3 & 1/7 & 1 \end{pmatrix}$$

から一般平均の手順でウエイト・ベクトルを求めると，図 A.5 のように，

$$\boldsymbol{x} = \begin{pmatrix} 0.225817 \\ 0.073122 \\ 0.610734 \\ 0.090327 \end{pmatrix}$$

を得ます．つぎに，安全性にだけ着目して，F 車，A 車，P 車間の一対比較を行うと，一対比較行列

$$A_1 = \begin{pmatrix} 1 & 1 & 1/7 \\ 1 & 1 & 1/7 \\ 7 & 7 & 1 \end{pmatrix}$$

が求められ，一般平均の手順でウエイト・ベクトル $\boldsymbol{w}_1$ を求めると，

$$\boldsymbol{w}_1 = \begin{pmatrix} 0.111111 \\ 0.111111 \\ 0.777778 \end{pmatrix}$$

を得ます．同様にして，値段，燃費，デザインのもとでの F 車，A 車，P 車のウエイト・ベクトルは，それぞれ

$$\boldsymbol{w}_2 = \begin{pmatrix} 0.682581 \\ 0.239910 \\ 0.077509 \end{pmatrix}, \quad \boldsymbol{w}_3 = \begin{pmatrix} 0.769896 \\ 0.162810 \\ 0.067295 \end{pmatrix}, \quad \boldsymbol{w}_4 = \begin{pmatrix} 0.158930 \\ 0.749565 \\ 0.091505 \end{pmatrix}$$

です．よって，$\boldsymbol{w}_1, \boldsymbol{w}_2, \boldsymbol{w}_3, \boldsymbol{w}_4$ を列ベクトルとする行列 W は

$$W = \begin{pmatrix} 0.111111 & 0.682581 & 0.769896 & 0.158630 \\ 0.111111 & 0.239910 & 0.162810 & 0.749565 \\ 0.777778 & 0.077509 & 0.067295 & 0.091505 \end{pmatrix}$$

であり，これは各評価基準のもとでの F 車，A 車，P 車の重要度です．そして，今野さんが新車を選択するときの評価基準のウエイトはベクトル $\boldsymbol{x}$ で与えられているので，代替案のウエイト・ベクトル $\boldsymbol{y}$ は (Saaty はこれを総合得点といっています)，行列 W とベクトル $\boldsymbol{x}$ の掛け算で与えられます．Excel ではメニュー f_x の MMULT を呼び出せば，行列の掛け算を実行してくれます．よって，F 車，A 車，P 車の総合得点は

$$\boldsymbol{y} = \begin{pmatrix} \mathrm{F} \\ \mathrm{A} \\ \mathrm{P} \end{pmatrix} = W\boldsymbol{x} = \begin{pmatrix} 0.559559 \\ 0.209773 \\ 0.230668 \end{pmatrix}$$

です．

一般平均のパラメータ r を $-300, -1, 1/10000, 300$ として AHP を実行すれば，表 A.1 の結果を得ます．

►**注**　表 A.1 の値の中で，2 章の表 2.13 の値と少し違うものがあります．この原因として，つぎの 2 点があります．

① 2 章は関数電卓で計算し，表 A.1 は Excel で実行しました．
② 幾何平均は $r = 1/10000$ で求めているので，これは近似値です．

表 A.1　一般平均による総合得点

総合得点	最小値	調和平均	幾何平均	最大値
F 車	0.572	0.560	0.505	0.383
A 車	0.203	0.210	0.243	0.325
P 車	0.227	0.231	0.252	0.295

A.2 Saaty の整合度

AHP の提案者である T. L. Saaty は，一対比較行列 A から項目ウエイトを推定するとき幾何平均を用いよといっています．それゆえ，2.7 節では幾何平均を用いて，家

族旅行の行き先をAHPで決定しました．幾何平均でAHPを実施したとき，一対比較行列の整合度を

$$\mathrm{C.I.} = \frac{\widehat{\lambda}_{\max} - n}{n-1}$$

$$\widehat{\lambda}_{\max} = \frac{1}{n}\sum_{i=1}^{n}\sum_{j=1}^{n}\frac{a_{ij}\widehat{w}_j}{\widehat{w}_i}$$

で求めることをSaatyは提案しました．ここで，$\widehat{w}_i$ は幾何平均を用いて求めたウエイトです．そして，

$$\mathrm{C.I.} \leqq 0.1 \tag{A.1}$$

を満たしていれば，求めたウエイトは信頼できると主張しました．

2.7節では，このSaatyの整合度C.I.を用いずに，調和平均を用いた整合度C.I.H.を用いました．式(A.1)に対応して，整合度C.I.H.が

$$\mathrm{C.I.H.} \leqq 0.07 \tag{A.2}$$

を満たしていれば，求めたウエイトは信頼できます（参考文献[1]を見てください）．2.7節でC.I.H.を用いた理由は，Saatyの整合度には不備があるからです．それを以下で示します．

Saatyの整合度を変形すると，

$$\begin{aligned}\mathrm{C.I.} &= \frac{1}{n-1}\left(\frac{1}{n}\sum_{i=1}^{n}\sum_{j=1}^{n}\frac{a_{ij}\widehat{w}_j}{\widehat{w}_i} - n\right)\\ &= \frac{1}{2n(n-1)}\sum_{i=1}^{n}\sum_{j=1}^{n}\frac{1}{\widehat{w}_i\widehat{w}_j}\left(\sqrt{a_{ij}}\widehat{w}_j - \sqrt{a_{ji}}\widehat{w}_i\right)^2\end{aligned}$$

を得ます．上式において，$\sqrt{a_{ij}}\widehat{w}_j - \sqrt{a_{ji}}\widehat{w}_i$ は整合性のずれを表す量であるので，整合性のよい一対比較行列であれば，

$$\frac{1}{2n(n-1)}\sum_{i=1}^{n}\sum_{j=1}^{n}\left(\sqrt{a_{ij}}\widehat{w}_j - \sqrt{a_{ji}}\widehat{w}_i\right)^2$$

は小さくなります．しかし，ウエイトの小さい項目が含まれていると，式の中の $1/(\widehat{w}_i\widehat{w}_j)$ が大きくなるので，C.I.は大きくなり，この一対比較行列は整合度が悪いように見えてしまいます．ゆえに，整合度としてはC.I.H.を用いたほうがよく，さらにC.I.H.は計算も，Saatyの整合度C.I.よりも簡単です．

A.3 AHPと確率分布 —— 対数正規分布とBirnbaum–Saunders分布

2章で調和平均と幾何平均を用いてAHPを実行しました．この節では，調和平均と幾何平均がウエイトの最小2乗推定量であることと，確率分布との関係を解説します．

一対比較行列 $A = (a_{ij})$ が整合性を満たすとは，すべての i, j, k に対して

$$a_{ij} = a_{ik}a_{kj} \tag{A.3}$$

が成立することです．よって，$i = 2, k = 1$ とすれば，

$$a_{2j} = a_{21}a_{1j}$$

がすべての j に対して成立しているので，A の2行は1行の定数倍です．同様にして，$i = 3, k = 1$ とすれば，

$$a_{3j} = a_{31}a_{1j}$$

がすべての j に対して成立するので，A の3行は1行の定数倍です．ゆえに，A のすべての行は1行の定数倍であるので，項目のウエイトに関してすべての行は同じ情報をもちます．よって，項目のウエイトは，i 行を用いて

$$w_1 : w_2 : \cdots : w_n = \frac{1}{a_{i1}} : \frac{1}{a_{i2}} : \cdots : \frac{1}{a_{in}}$$

より求められるので，

$$\frac{w_i}{w_j} = \frac{1/a_{ii}}{1/a_{ij}} = a_{ij}$$

が成り立ちます．すなわち，一対比較行列 $A = (a_{ij})$ が整合性を満たしていれば，一対比較値は

$$a_{ij} = \frac{w_i}{w_j} \tag{A.4}$$

と表現できます．

一般に，一対比較行列が整合性を満たすことは稀であるので，一対比較値は

$$a_{ij} = \frac{w_i}{w_j}\varepsilon_{ij} \tag{A.5}$$

と表現できます．ここで，ε_{ij} は整合性のずれを表す正の確率変数で，平均が1です．Saaty–Vargas (1984) は，一対比較値が

$$a_{ij} = \frac{w_i}{w_j}\exp(\delta_{ij}) \tag{A.6}$$

と表現されるのが自然であると主張しました．ここで，δ_{ij} は平均 0，分散 σ^2 の正規分布に従う互いに独立な確率変数です．式 (A.6) の両辺の対数をとると，

$$\ln a_{ij} - \ln \frac{w_i}{w_j} = \delta_{ij}$$

となるので，最小 2 乗法より，$\sum_i \sum_j \delta_{ij}^2$ を最小にするウエイトを求めると，

$$\widehat{w}_i = \sqrt[n]{\prod_j a_{ij}}, \quad i = 1, \ldots, n$$

を得ます．すなわち，一対比較行列の各行の幾何平均は，ウエイトの最小 2 乗推定量となります．式 (A.6) の右辺の $\varepsilon_{ij} = \exp(\delta_{ij})$ は，対数をとると

$$\ln \varepsilon_{ij} = \delta_{ij}$$

となるので，ε_{ij} は**対数正規分布**に従うといわれています．よって，Saaty–Vargas (1984) は

① 整合性のずれを表現する ε_{ij} が対数正規分布に従っているときには，項目のウエイトは一対比較行列の各行の幾何平均で推定すればよい

を主張しました．

整合性を満たしていると，式 (A.4) より

$$\ln a_{ij} - \ln \frac{w_i}{w_j} = 0$$

であるので，$\ln a_{ij} - \ln(w_i/w_j)$ は整合性のずれを表現しています．

一方，一対比較行列の重要な性質は逆数性

$$a_{ij} = \frac{1}{a_{ji}} \tag{A.7}$$

であるので，これを式 (A.4) に適用すると

$$\sqrt{a_{ij}} \frac{1}{\sqrt{a_{ji}}} = \frac{w_i}{w_j}$$

を得ます．上式を整理すると

$$\sqrt{a_{ij}} w_j - \sqrt{a_{ji}} w_i = 0$$

を得ます．よって，$\sqrt{a_{ij}} w_j - \sqrt{a_{ji}} w_i$ も整合性のずれを表しており，一般には整合性を満たすことは稀であるので，

$$\sqrt{a_{ij}} w_j - \sqrt{a_{ji}} w_i = \delta_{ij} \tag{A.8}$$

と表現するのも自然です．よって，Saaty–Vargas と同様にして，最小 2 乗法より，$\sum_i \sum_j \delta_{ij}^2$ を最小にするウエイトを求めると，

$$\widehat{w}_i = \frac{H_i}{H}, \quad H_i = \left(\frac{1}{n} \sum_j a_{ij}^{-1} \right)^{-1}, \quad H = \frac{1}{n} \sum_i H_i \tag{A.9}$$

を得ます（これは Kato–Ozawa (1999) が与えました）．すなわち，整合性のずれを式 (A.8) で表現すると，H_i は A の i 行の調和平均であるので，A の各行の調和平均はウエイトの最小 2 乗推定量となります．ここで，Saaty–Vargas の結果と比較するために，式 (A.8) を式 (A.5) の表現に変形します．式 (A.8) の両辺を 2 乗すると

$$(\sqrt{a_{ij}} w_j)^2 - 2w_i w_j + (\sqrt{a_{ij}} w_j - \delta_{ij})^2 = \delta_{ij}^2$$

であるので，これを整理すると，

$$(\sqrt{a_{ij}} w_j)^2 - \delta_{ij}(\sqrt{a_{ij}} w_j) - w_i w_j = 0$$

を得ます．よって，解の公式より

$$\sqrt{a_{ij}} w_j = \frac{\delta_{ij} + \sqrt{\delta_{ij}^2 + 4 w_i w_j}}{2}$$

であるので（a_{ij}, w_j はともに正であるので，+ だけ採用），

$$a_{ij} = \frac{w_i}{w_j} \left\{ \frac{\delta_{ij}}{2\sqrt{w_i w_j}} + \sqrt{1 + \left(\frac{\delta_{ij}}{2\sqrt{w_i w_j}} \right)^2} \right\}^2$$

を得ます．ここで，式 (A.5) において

$$\varepsilon_{ij} = \left\{ \frac{\delta_{ij}}{2\sqrt{w_i w_j}} + \sqrt{1 + \left(\frac{\delta_{ij}}{2\sqrt{w_i w_j}} \right)^2} \right\}^2 \tag{A.10}$$

と表現されます．式 (A.10) の右辺は，**Birnbaum–Saunders 分布**として知られています．よって，AHP で調和平均を用いる理由は

② 整合性のずれを表現する ε_{ij} が Birnbaum–Saunders 分布に従っていれば，一対比較行列の各行の調和平均はウエイトの最小 2 乗推定量である

が成立しているからです．

以上から，AHP において重要な確率分布は，対数正規分布と Birnbaum–Saunders 分布です．

演習問題の解答

2章

2.1 解表 2.1 のとおり.

解表 2.1

$\curvearrowright$	安全性	値段	燃費	デザイン	最小値	ウエイト
安全性	1	5	1/3	3	$\frac{1}{3}=0.333$	$\frac{0.333}{1.676}=0.199$
値段	1/5	1	1/5	1/3	$\frac{1}{5}=0.200$	$\frac{0.200}{1.676}=0.119$
燃費	3	5	1	7	$1=1.000$	$\frac{1.000}{1.676}=0.597$
デザイン	1/3	3	1/7	1	$\frac{1}{7}=0.143$	$\frac{0.143}{1.676}=0.085$

和 $=1.676$

2.2 表 2.7〜2.10 で与えられている各評価基準のもとでの代替案間の一対比較行列から，最小値を用いてウエイト・ベクトルを求めると，解表 2.2〜2.5 のようになる.

解表 2.2

安全性	F 車	A 車	P 車	最小値	ウエイト
F 車	1	1	1/7	$\frac{1}{7}=0.143$	$\frac{0.143}{1.286}=0.111$
A 車	1	1	1/7	$\frac{1}{7}=0.143$	$\frac{0.143}{1.286}=0.111$
P 車	7	7	1	$1=1.000$	$\frac{1.000}{1.286}=0.778$

和 $=1.286$

解表 2.3

値段	F 車	A 車	P 車	最小値	ウエイト
F 車	1	3	7	$1=1.000$	$\frac{1.000}{1.476}=0.678$
A 車	1/3	1	5	$\frac{1}{3}=0.333$	$\frac{0.333}{1.476}=0.226$
P 車	1/7	1/5	1	$\frac{1}{7}=0.143$	$\frac{0.143}{1.476}=0.097$

和 $=1.476$

解表 2.4

燃費	F 車	A 車	P 車	最小値	ウエイト
F 車	1	5	9	$1 = 1.000$	$\dfrac{1.000}{1.311} = 0.763$
A 車	1/5	1	5	$\dfrac{1}{5} = 0.200$	$\dfrac{0.200}{1.311} = 0.153$
P 車	1/9	1/5	1	$\dfrac{1}{9} = 0.111$	$\dfrac{0.111}{1.311} = 0.085$

和 $= 1.311$

解表 2.5

デザイン	F 車	A 車	P 車	最小値	ウエイト
F 車	1	1/5	3	$\dfrac{1}{5} = 0.200$	$\dfrac{0.200}{1.343} = 0.149$
A 車	5	1	7	$1 = 1.000$	$\dfrac{1.000}{1.343} = 0.745$
P 車	1/3	1/7	1	$\dfrac{1}{7} = 0.143$	$\dfrac{0.143}{1.343} = 0.106$

和 $= 1.343$

よって，総合得点は解表 2.6 で与えられる．

解表 2.6

	安全性 0.199	値段 0.119	燃費 0.597	デザイン 0.085	総合得点
F 車	0.111×0.199 $= 0.022$	0.678×0.119 0.081	0.763×0.597 0.456	0.149×0.085 0.013	0.572
A 車	0.111×0.199 0.022	0.226×0.119 0.027	0.153×0.597 0.091	0.745×0.085 0.063	0.203
P 車	0.778×0.199 0.155	0.097×0.119 0.012	0.085×0.597 0.051	0.106×0.085 0.009	0.227

2.3　問題 2.2 での結果のほかに，「安全性」のもとでの代替案のウエイトの総合評価と，「デザイン」のもとでの代替案のウエイトの総合評価が必要である．図 2.4 より，まず「エアバッグ」と「4WD」のウエイトを求めると，解表 2.7 のようになる．

解表 2.7

$\longrightarrow$	エアバッグ	4WD	最小値	ウエイト
エアバッグ	1	5	$1 = 1.000$	$\dfrac{1.000}{1.200} = 0.833$
4WD	1/5	1	$\dfrac{1}{5} = 0.200$	$\dfrac{0.200}{1.200} = 0.167$

和 $= 1.200$

つぎに，「エアバッグ」と「4WD」のもとで代替案のウエイトを求めると，解表 2.8，2.9 のようになる．

解表 2.8

エアバッグ	F 車	A 車	P 車	最小値	ウエイト
F 車	1	1	1/5	$\frac{1}{5} = 0.200$	$\frac{0.200}{1.400} = 0.143$
A 車	1	1	1/5	$\frac{1}{5} = 0.200$	$\frac{0.200}{1.400} = 0.143$
P 車	5	5	1	$1 = 1.000$	$\frac{1.000}{1.400} = 0.714$
				和 $= 1.400$	

解表 2.9

4WD	F 車	A 車	P 車	最小値	ウエイト
F 車	1	1	1/7	$\frac{1}{7} = 0.143$	$\frac{0.143}{1.286} = 0.111$
A 車	1	1	1/7	$\frac{1}{7} = 0.143$	$\frac{0.143}{1.286} = 0.111$
P 車	7	7	1	$1 = 1.000$	$\frac{1.000}{1.286} = 0.778$
				和 $= 1.286$	

よって，「安全性」のもとでの各車のウエイトが解表 2.10 のように求められる．

つぎに，図 2.5 から「デザイン」のもとでの代替案のウエイトを求める．まず，「カラー

解表 2.10

安全性	エアバッグ 0.833	4WD 0.167	総合得点
F 車	0.143×0.833 $= 0.119$	0.111×0.167 0.019	0.138
A 車	0.143×0.833 0.119	0.111×0.167 0.019	0.138
P 車	0.714×0.833 0.595	0.778×0.167 0.130	0.725

解表 2.11

$\longrightarrow$	カラーバリエーション	スタイル	最小値	ウエイト
カラーバリエーション	1	5	$1 = 1.000$	$\frac{1.000}{1.200} = 0.833$
スタイル	1/5	1	$\frac{1}{5} = 0.200$	$\frac{0.200}{1.200} = 0.167$
			和 $= 1.200$	

バリエーション」と「スタイル」のウエイトを求めよう．解表 2.11 のようになる．

つぎに，「カラーバリエーション」と「スタイル」のもとでの各車のウエイトを求めると，解表 2.12，2.13 のようになる．

解表 2.12

カラーバリエーション	F 車	A 車	P 車	最小値	ウエイト
F 車	1	1/7	1	$\frac{1}{7} = 0.143$	$\frac{0.143}{1.343} = 0.106$
A 車	7	1	5	$1 = 1.000$	$\frac{1.000}{1.343} = 0.745$
P 車	1	1/5	1	$\frac{1}{5} = 0.200$	$\frac{0.200}{1.343} = 0.149$
				和 $= 1.343$	

解表 2.13

スタイル	F 車	A 車	P 車	最小値	ウエイト
F 車	1	1/5	5	$\frac{1}{5} = 0.200$	$\frac{0.200}{1.311} = 0.153$
A 車	5	1	9	$1 = 1.000$	$\frac{1.000}{1.311} = 0.763$
P 車	1/5	1/9	1	$\frac{1}{9} = 0.111$	$\frac{0.111}{1.311} = 0.085$
				和 $= 1.311$	

よって，「デザイン」のもとでの各車のウエイトが解表 2.14 のように求められる．

解表 2.14

デザイン	カラーバリエーション 0.833	スタイル 0.167	総合得点
F 車	0.106×0.833 $= 0.088$	0.153×0.167 0.026	0.114
A 車	0.745×0.833 0.621	0.763×0.167 0.127	0.748
P 車	0.149×0.833 0.124	0.085×0.167 0.014	0.138

以上の結果と，問題 2.2 で求めた評価項目のウエイト・ベクトルと，「値段」と「燃費」のもとでの各車のウエイト・ベクトルを用いると，各車の総合得点が解表 2.15 のように求められる．

表 2.22 は調和平均で AHP を実行したときの総合得点である．それと比較すると，最小値で実行したときのほうが，第 1 位の得点が少し大きくなっている．問題 2.2 の単純な階層図のもとでの結果も，最小値のほうが第 1 位の得点が少し大きくなっていた．

解表 2.15

最小値	安全性 0.199	値段 0.119	燃費 0.597	デザイン 0.085	総合得点
F 車	0.138×0.199 $= 0.027$	0.678×0.119 0.081	0.763×0.597 0.456	0.114×0.085 0.010	0.574
A 車	0.138×0.199 0.027	0.226×0.119 0.027	0.153×0.597 0.091	0.748×0.085 0.064	0.209
P 車	0.725×0.199 0.144	0.097×0.119 0.012	0.085×0.597 0.051	0.138×0.085 0.012	0.219

2.4 解表 2.16 より，表 2.25 の行列の整合度は次のようになる．

$$\text{C.I.H.} = \frac{3}{2.9999} - 1 = 0.0000$$

解表 2.16

場所	A	B	C	調和平均
A	1	5	1	$\dfrac{3}{1+1/5+1} = 1.3636$
B	1/5	1	1/5	$\dfrac{3}{5+1+5} = 0.2727$
C	1	5	1	$\dfrac{3}{1+1/5+1} = 1.3636$

和 = 2.9999

解表 2.17 より，表 2.26 の行列の整合度は次のようになる．

$$\text{C.I.H.} = \frac{3}{2.8995} - 1 = 0.0347$$

解表 2.17

値段	A	B	C	調和平均
A	1	1/5	1/5	$\dfrac{3}{1+5+5} = 0.2727$
B	5	1	1/5	$\dfrac{3}{1/5+1+5} = 0.4839$
C	5	5	1	$\dfrac{3}{1/5+1/5+1} = 2.1429$

和 = 2.8995

解表 2.18 より，表 2.27 の行列の整合度は次のようになる．

$$\text{C.I.H.} = \frac{3}{2.9774} - 1 = 0.0076$$

解表 2.18

宿泊環境	A	B	C	調和平均
A	1	1/7	1/5	$\dfrac{3}{1+7+5}=0.2308$
B	7	1	3	$\dfrac{3}{1/7+1+1/3}=2.0323$
C	5	1/3	1	$\dfrac{3}{1/5+3+1}=0.7143$

和 $=2.9774$

解表 2.19 より，表 2.28 の行列の整合度は次のようになる．

$$\text{C.I.H.}=\frac{3}{2.8476}-1=0.0535$$

解表 2.19

食事	A	B	C	調和平均
A	1	1/3	5	$\dfrac{3}{1+3+1/5}=0.7143$
B	3	1	3	$\dfrac{3}{1/3+1+1/3}=1.8000$
C	1/5	1/3	1	$\dfrac{3}{5+3+1}=0.3333$

和 $=2.8476$

ゆえに，すべての一対比較行列は C.I.H. $\leqq 0.07$ を満たしている．

2.5 まず，表 2.24 の一対比較行列から調和平均を用いて，評価項目のウエイト・ベクトルを求めると，解表 2.20 のようになる．

つぎに，各評価項目下での，A 案，B 案，C 案のウエイトを表 2.25〜2.28 の一対比較行列から調和平均を用いて求めると，解表 2.21〜2.24 のようになる．

解表 2.20

→	場所	値段	宿泊環境	食事	調和平均	ウエイト
場所	1	5	3	1	$\dfrac{4}{1+1/5+1/3+1}=1.579$	$\dfrac{1.579}{3.989}=0.396$
値段	1/5	1	1/3	1/5	$\dfrac{4}{5+1+3+5}=0.286$	$\dfrac{0.286}{3.989}=0.072$
宿泊環境	1/3	3	1	1/3	$\dfrac{4}{3+1/3+1+3}=0.545$	$\dfrac{0.545}{3.989}=0.137$
食事	1	5	3	1	$\dfrac{4}{1+1/5+1/3+1}=1.579$	$\dfrac{1.579}{3.989}=0.396$

和 $=3.989$

解表 2.21

場所	A	B	C	調和平均	ウエイト
A	1	5	1	$\dfrac{3}{1+1/5+1}=1.3636$	$\dfrac{1.3636}{2.9999}=0.455$
B	1/5	1	1/5	$\dfrac{3}{5+1+5}=0.2727$	$\dfrac{0.2727}{2.9999}=0.091$
C	1	5	1	$\dfrac{3}{1+1/5+1}=1.3636$	$\dfrac{1.3636}{2.9999}=0.455$

和 $=2.9999$

解表 2.22

値段	A	B	C	調和平均	ウエイト
A	1	1/5	1/5	$\dfrac{3}{1+5+5}=0.273$	$\dfrac{0.273}{2.900}=0.094$
B	5	1	1/5	$\dfrac{3}{1/5+1+5}=0.484$	$\dfrac{0.484}{2.900}=0.167$
C	5	5	1	$\dfrac{3}{1/5+1/5+1}=2.143$	$\dfrac{2.143}{2.900}=0.739$

和 $=2.900$

解表 2.23

宿泊環境	A	B	C	調和平均	ウエイト
A	1	1/7	1/5	$\dfrac{3}{1+7+5}=0.231$	$\dfrac{0.231}{2.977}=0.078$
B	7	1	3	$\dfrac{3}{1/7+1+1/3}=2.032$	$\dfrac{2.032}{2.977}=0.683$
C	5	1/3	1	$\dfrac{3}{1/5+3+1}=0.714$	$\dfrac{0.714}{2.977}=0.240$

和 $=2.977$

解表 2.24

食事	A	B	C	調和平均	ウエイト
A	1	1/3	5	$\dfrac{3}{1+3+1/5}=0.714$	$\dfrac{0.714}{2.847}=0.251$
B	3	1	3	$\dfrac{3}{1/3+1+1/3}=1.800$	$\dfrac{1.800}{2.847}=0.632$
C	1/5	1/3	1	$\dfrac{3}{5+3+1}=0.333$	$\dfrac{0.333}{2.847}=0.117$

和 $=2.847$

以上の結果より，総合得点を求めると，解表 2.25 のようになる．

解表 2.25

評価基準 ウエイト / プラン	場所 0.396	値段 0.072	宿泊環境 0.137	食事 0.396	総合得点
A	0.455×0.396 $= 0.180$	0.094×0.072 0.007	0.078×0.137 0.011	0.251×0.396 0.099	0.297
B	0.091×0.396 0.036	0.167×0.072 0.012	0.638×0.137 0.094	0.632×0.396 0.250	0.392
C	0.455×0.396 0.180	0.739×0.072 0.053	0.240×0.137 0.033	0.117×0.396 0.046	0.312

よって，勝俣君はB案の箱根に家族で旅行することになった．

3章

3.1 A, Bの生産量をそれぞれ x_1, x_2 単位とすると，この問題は以下のように定式化される．

$$5x_1 + x_2 \longrightarrow \text{最大化}$$

$$\text{制約条件：} \begin{aligned} 2x_1 + 3x_2 &\leqq 120 \\ 2x_1 + 2x_2 &\leqq 90 \\ x_1 \geqq 0, \quad x_2 &\geqq 0 \end{aligned}$$

ここで，スラック変数 x_3, x_4 を導入して，制約条件の不等式を等式に変える．

$$5x_1 + x_2 \longrightarrow \text{最大化}$$

$$\text{制約条件：} \begin{aligned} 2x_1 + 3x_2 + x_3 \quad\quad &= 120 \\ 2x_1 + 2x_2 \quad\quad + x_4 &= 90 \\ x_1 \geqq 0, \quad x_2 \geqq 0, \quad x_3 \geqq 0, \quad x_4 &\geqq 0 \end{aligned}$$

制約条件式の係数行列の中に単位行列が含まれているので，シンプレックス法をスタート

解表 3.1

		$c_j \rightarrow$	5	1	0	0	
c_i	基底変数	定数項	x_1	x_2	x_3	x_4	θ
0	x_3	120	2	3	1	0	60
0	x_4	90	②	2	0	1	㊺
z_j		0	0	0	0	0	
$c_j - z_j$			⑤	1	0	0	
0	x_3	30	0	1	1	-1	
5	x_1	45	1	1	0	1/2	
z_j		225	5	5	0	5/2	
$c_j - z_j$			0	-4	0	$-5/2$	

する（解表 3.1）.

よって，最適な生産計画は $(x_1, x_2) = (45, 0)$ で，そのときの利益高は 225 万円である.

3.2 A, B の生産量をそれぞれ x_1, x_2 とすると，

$$2x_1 + 6x_2 \longrightarrow \text{最大化}$$

$$\text{制約条件：} \begin{aligned} 2x_1 + 3x_2 &\leqq 120 \\ 2x_1 + 2x_2 &\leqq 90 \\ x_1 \geqq 0, \quad x_2 &\geqq 0 \end{aligned}$$

となるので，スラック変数 x_3, x_4 を導入すると，

$$2x_1 + 6x_2 \longrightarrow \text{最大化}$$

$$\text{制約条件：} \begin{aligned} 2x_1 + 3x_2 + x_3 \qquad &= 120 \\ 2x_1 + 2x_2 \qquad + x_4 &= 90 \\ x_1 \geqq 0, \quad x_2 \geqq 0, \quad x_3 \geqq 0, \quad x_4 &\geqq 0 \end{aligned}$$

なる線形計画問題を得る．ここで，係数行列の中に単位行列が含まれているので，シンプレックス法をスタートする（解表 3.2）.

解表 3.2

		$c_j \rightarrow$	2	6	0	0	
c_i	基底変数	定数項	x_1	x_2	x_3	x_4	θ
0	x_3	120	2	③	1	0	㊵
0	x_4	90	2	2	0	1	45
z_j		0	0	0	0	0	
c_j-z_j			2	⑥	0	0	
6	x_2	40	2/3	1	1/3	0	
0	x_4	10	2/3	0	−2/3	1	
z_j		240	4	6	2	0	
c_j-z_j			−2	0	−2	0	

よって，最適な生産計画は $(x_1, x_2) = (0, 40)$ で，そのときの利益高は 240 万円である.

3.3 食物 I, II をそれぞれ y_1 単位，y_2 単位食べる献立を立てると，つぎのように定式化される.

$$300y_1 + 500y_2 \longrightarrow \text{最小化}$$

$$\text{制約条件：} \begin{aligned} 3y_1 + 4y_2 &\geqq 60 \\ 2y_1 + \ \ y_2 &\geqq 25 \\ y_1 + 2y_2 &\geqq 40 \\ y_1 \geqq 0, \quad y_2 &\geqq 0 \end{aligned}$$

ここで，スラック変数 y_3, y_4, y_5 を導入して，不等式を等式に変える.

$$300y_1 + 500y_2 \longrightarrow \text{最小化}$$

$$\begin{aligned} \text{制約条件：}\ & 3y_1 + 4y_2 - y_3 = 60 \\ & 2y_1 + y_2 - y_4 = 25 \\ & y_1 + 2y_2 - y_5 = 40 \\ & y_1 \geqq 0, \quad \ldots, \quad y_5 \geqq 0 \end{aligned}$$

制約条件の係数行列は

$$A = \begin{pmatrix} 3 & 4 & -1 & 0 & 0 \\ 2 & 1 & 0 & -1 & 0 \\ 1 & 2 & 0 & 0 & -1 \end{pmatrix}$$

であるので，3×3 の単位行列が含まれていないので，人為変数 y_6, y_7, y_8 を導入して，形式的に最初の実行基底解を構成し，目的関数において，人為変数に罰金を課しておく．

解表 3.3

		$c_j \to$	300	500	0	0	0	M	M	M	
c_i	基底変数	定数項	y_1	y_2	y_3	y_4	y_5	y_6	y_7	y_8	θ
M	y_6	60	3	(4)	-1	0	0	1	0	0	(15)
M	y_7	25	2	1	0	-1	0	0	1	0	25
M	y_8	40	1	2	0	0	-1	0	0	1	20
z_j		$125M$	$6M$	$7M$	$-M$	$-M$	$-M$	M	M	M	
c_j-z_j			$300-6M$	$(500-7M)$	M	M	M	0	0	0	
500	y_2	15	3/4	1	$-1/4$	0	0	1/4	0	0	20
M	y_7	10	(5/4)	0	1/4	-1	0	$-1/4$	1	0	(8)
M	y_8	10	$-1/2$	0	1/2	0	-1	$-1/2$	0	1	∞
z_j		$7500+20M$	$\frac{1500}{4}+\frac{3}{4}M$	500	$-\frac{500}{4}+\frac{3}{4}M$	$-M$	$-M$	$\frac{500}{4}-\frac{3}{4}M$	M	M	
c_j-z_j			$\left(-\frac{300}{5}-\frac{3}{4}M\right)$	0	$\frac{500}{4}-\frac{3}{4}M$	M	M	$-\frac{500}{4}+\frac{7}{4}M$	0	0	
500	y_2	9	0	1	$-2/5$	3/5	0	2/5	$-3/5$	0	∞
300	y_1	8	1	0	1/5	$-4/5$	0	$-1/5$	4/5	0	40
M	y_8	14	0	0	(3/5)	$-2/5$	-1	$-3/5$	2/5	1	(70/3)
z_j		$6900+14M$	300	500	$-\frac{700}{5}+\frac{3}{5}M$	$\frac{300}{5}-\frac{2}{5}M$	$-M$	$\frac{700}{5}-\frac{3}{5}M$	$-\frac{300}{5}+\frac{2}{5}M$	M	
c_j-z_j			0	0	$\left(\frac{700}{5}-\frac{3}{5}M\right)$	$-\frac{300}{5}+\frac{2}{5}M$	M	$-\frac{700}{5}+\frac{8}{5}M$	$\frac{300}{5}+\frac{3}{5}M$	0	
500	y_2	55/3	0	1	0	1/3	$-1/3$	0	$-1/3$	2/3	
300	y_1	10/3	1	0	0	$-2/3$	1/3	0	2/3	$-1/3$	
0	y_3	70/3	0	1	1	$-2/3$	$-5/3$	-1	2/3	5/3	
z_j		$\frac{30500}{3}$	300	500	0	$-\frac{100}{3}$	$-\frac{700}{3}$	0	$\frac{100}{3}$	$\frac{700}{3}$	
c_j-z_j			0	0	0	$\frac{100}{3}$	$\frac{700}{3}$	M	$M-\frac{100}{3}$	$M-\frac{700}{3}$	

$$300y_1 + 500y_2 + My_6 + My_7 + My_8 \longrightarrow \text{最小化}$$

$$\begin{aligned}
\text{制約条件：}\ & 3y_1 + 4y_2 - y_3 + y_6 = 60 \\
& 2y_1 + y_2 - y_4 + y_7 = 25 \\
& y_1 + 2y_2 - y_5 + y_8 = 40 \\
& y_1 \geqq 0, \quad \ldots, \quad y_8 \geqq 0
\end{aligned}$$

よって，シンプレックス法がスタートできる（解表 3.3）．

ゆえに，費用最小の献立は $(y_1, y_2) = (10/3, 55/3)$ で，そのときの最小費用は $30500/3$ 円である．

3.4 問題 3.3 の線形計画問題（主問題）は

$$300y_1 + 500y_2 \longrightarrow \text{最小化}$$

$$\begin{aligned}
\text{制約条件：}\ & 3y_1 + 4y_2 \geqq 60 \\
& 2y_1 + y_2 \geqq 25 \\
& y_1 + 2y_2 \geqq 40 \\
& y_1 \geqq 0, \quad y_2 \geqq 0
\end{aligned}$$

であるので，この問題の双対問題は

$$60x_1 + 25x_2 + 40x_3 \longrightarrow \text{最大化}$$

解表 3.4

		$c_j \to$	60	25	40	0	0	
c_i	基底変数	定数項	x_1	x_2	x_3	x_4	x_5	θ
0	x_4	300	3	2	1	1	0	100
0	x_5	500	4	1	2	0	1	225/2
z_j		0	0	0	0	0	0	
$c_j - z_j$			60	25	40	0	0	
60	x_1	100	1	2/3	1/3	1/3	0	300
0	x_5	100	0	−5/3	2/3	−4/3	1	150
z_j			60	40	20	20	0	
$c_j - z_j$			0	−15	20	−20	0	
60	x_1	50	1	2/3	0	1	−1/2	100/3
40	x_3	150	0	−5/2	1	−2	3/2	∞
z_j			60	−10	40	−20	30	
$c_j - z_j$			0	35	0	20	−30	
25	x_2	100/3	2/3	1	0	2/3	−1/3	
40	x_3	700/3	5/3	0	1	−1/3	2/3	
z_j		$\frac{30500}{3}$	250/3	25	40	10/3	55/3	
$c_j - z_j$			−70/3	0	0	−10/3	−55/3	

$$
\begin{aligned}
\text{制約条件：} & 3x_1 + 2x_2 + \ \ x_3 \leqq 300 \\
& 4x_1 + \ \ x_2 + 2x_3 \leqq 500 \\
& x_1 \geqq 0, \quad x_2 \geqq 0, \quad x_3 \geqq 0
\end{aligned}
$$

である．よって，スラック変数 x_4, x_5 を導入すると，つぎの問題を得る．

$$
60x_1 + 25x_2 + 40x_3 \longrightarrow \text{最大化}
$$

$$
\begin{aligned}
\text{制約条件：} & 3x_1 + 2x_2 + \ \ x_3 + x_4 \qquad \leqq 300 \\
& 4x_1 + \ \ x_2 + 2x_3 \qquad + x_5 \leqq 500 \\
& x_1 \geqq 0, \quad \ldots, \quad x_5 \geqq 0
\end{aligned}
$$

よって，シンプレックス法がスタートできる（解表 3.4）．

ゆえに，主問題（問題 3.3 の問題）の最適解は，双対問題のシンプレックス表の最後のステップの z_j の欄の最初の基底変数 x_4, x_5 の部分（アミがけの部分）である．よって，主問題の最適解は $(y_1, y_2) = (10/3, 55/3)$ で，そのときの費用は 30500/3 である．

また，双対問題の最適解は $(x_1, x_2, x_3) = (0, 100/3, 700/3)$ であるが，これは主問題のシンプレックス表（解表 3.3）の最後のステップの z_j の欄の最初の基底変数 y_6, y_7, y_8 の部分（アミがけの部分）で与えられている．

3.5 対角線法により，最初の実行基底解を求め，手順をスタートする．

解表 3.5，3.6 より，x_{42} に 15 単位流すと，x_{32} が非基底となる．

解表 3.7，3.8 より，x_{23} に 15 単位流すと，x_{43} が非基底となる．

解表 3.5

工場＼倉庫	1	2	3	供給
1	[10] 40	[13] 10	[12]	50
2	[15]	[20] 25	[10]	25
3	[20]	[25] 15	[15] 15	30
4	[10]	[11]	[10] 30	30
需要	40	50	45	

解表 3.6

ループ	改良できる費用
$x_{13} \to x_{33} \to x_{32} \to x_{12} \to x_{13}$	9
$x_{21} \to x_{11} \to x_{12} \to x_{22} \to x_{21}$	-2
$x_{23} \to x_{33} \to x_{32} \to x_{22} \to x_{23}$	0
$x_{31} \to x_{11} \to x_{12} \to x_{32} \to x_{31}$	-2
$x_{41} \to x_{11} \to x_{12} \to x_{32} \to x_{33} \to x_{43} \to x_{41}$	-7
$x_{42} \to x_{32} \to x_{33} \to x_{43} \to x_{42}$	-9

解表 3.7

工場＼倉庫	1	2	3	供給
1	[10] 40	[13] 10	[12]	50
2	[15]	[20] 25	[10]	25
3	[20]	[25]	[15] 30	30
4	[10]	[11] 15	[10] 15	30
需要	40	50	45	

解表 3.8

ループ	改良できる費用
$x_{13} \to x_{43} \to x_{42} \to x_{12} \to x_{13}$	0
$x_{21} \to x_{11} \to x_{12} \to x_{22} \to x_{21}$	-2
$x_{23} \to x_{43} \to x_{42} \to x_{22} \to x_{23}$	-9
$x_{31} \to x_{11} \to x_{12} \to x_{42} \to x_{43} \to x_{33} \to x_{31}$	7
$x_{32} \to x_{33} \to x_{43} \to x_{42} \to x_{32}$	9
$x_{41} \to x_{11} \to x_{12} \to x_{42} \to x_{41}$	2

解表 3.9，3.10 より，x_{21}, x_{31} とも流せる量が 10 であるので，x_{21} に 10 単位流すと，x_{22} が非基底となる．

解表 3.9

工場＼倉庫	1	2	3	供給
1	[10] 40	[13] 10	[12]	50
2	[15]	[20] 10	[10] 15	25
3	[20]	[25]	[15] 30	30
4	[10]	[11] 30	[10]	30
需要	40	50	45	

解表 3.10

ループ	改良できる費用
$x_{13} \to x_{23} \to x_{22} \to x_{12} \to x_{13}$	9
$x_{21} \to x_{11} \to x_{12} \to x_{22} \to x_{21}$	-2
$x_{31} \to x_{11} \to x_{12} \to x_{22} \to x_{23} \to x_{33} \to x_{31}$	-2
$x_{32} \to x_{22} \to x_{23} \to x_{33} \to x_{32}$	0
$x_{41} \to x_{11} \to x_{12} \to x_{42} \to x_{41}$	2
$x_{43} \to x_{42} \to x_{22} \to x_{23} \to x_{43}$	9

解表 3.11，3.12 より，最適輸送計画は

$$x_{11} = 30, \quad x_{12} = 20, \quad x_{21} = 10, \quad x_{23} = 15, \quad x_{33} = 30, \quad x_{42} = 30,$$
$$\text{その他 } x_{ij} = 0$$

であり，最小輸送費は 1640 である．

解表 3.11

工場＼倉庫	1	2	3	供給
1	10 30	13 20	12	50
2	15 10	20	10 15	25
3	20	25	15 30	30
4	10	11 30	10	30
需要	40	50	45	

解表 3.12

ループ	改良できる費用
$x_{13} \to x_{23} \to x_{21} \to x_{11} \to x_{13}$	7
$x_{22} \to x_{21} \to x_{11} \to x_{12} \to x_{22}$	2
$x_{31} \to x_{21} \to x_{23} \to x_{33} \to x_{31}$	0
$x_{32} \to x_{33} \to x_{23} \to x_{21} \to x_{11}$ $\to x_{12} \to x_{32}$	2
$x_{41} \to x_{11} \to x_{12} \to x_{42} \to x_{41}$	2
$x_{43} \to x_{42} \to x_{12} \to x_{11} \to x_{21}$ $\to x_{23} \to x_{43}$	7

4章

4.1 到着率は

$$\lambda = \frac{4}{60} = \frac{1}{15} \text{ 人/分}$$

で，サービス率は

$$\mu = \frac{1}{9} \text{ 人/分}$$

であるので，利用率（トラフィック密度）は

$$\rho = \frac{\lambda}{\mu} = \frac{1/15}{1/9} = \frac{9}{15} = \frac{3}{5} < 1$$

である．よって，$M/M/1$ モデルの公式を適用する．

(1) 窓口に客のいる確率 $\overline{P}$ は次のようになる．

$$\overline{P} = \rho = \frac{3}{5}$$

(2) 待っている客の平均数 L_q は次のようになる．

$$L_q = \frac{\rho^2}{1-\rho} = \frac{(3/5)^2}{1-3/5} = \frac{9}{10} \text{ 人}$$

(3) 窓口に来ている客の平均数 L は

$$L = \frac{\rho}{1-\rho} = \frac{3/5}{1-3/5} = \frac{3}{2} \text{ 人}$$

である．利用率は例題 4.1 では 9/10 であったので，$L = 9$ であったが，6/10 であれば $L = 1.5$ である．これが待ち行列の特徴である．

(4) 平均待ち時間 W_q は次のようになる．

$$W_q = \frac{1}{\lambda} L_q = 15 \times \frac{9}{10} = \frac{27}{2} \text{ 分}$$

(5) 平均滞在時間 W は

$$W = \frac{1}{\lambda}L = 15 \times \frac{3}{2} = \frac{45}{2} \text{ 分}$$

または，次のようになる．

$$W = W_q + \frac{1}{\mu} = \frac{27}{2} + 9 = \frac{45}{2} \text{ 分}$$

4.2 到着率は

$$\lambda = \frac{5}{60} = \frac{1}{12} \text{ 人/分}$$

で，サービス率は

$$\mu = \frac{1}{10} \text{ 人/分}$$

であるので，利用率は

$$\rho = \frac{\lambda}{\mu} = \frac{1/12}{1/10} = \frac{10}{12} = \frac{5}{6} < 1$$

である．$M/M/1$ モデルでの解析であるから，平均待ち時間は

$$W_q = \frac{1}{\lambda}L_q = \frac{\lambda}{\mu(\mu - \lambda)} = \frac{1/12}{(1/10)\,(1/10 - 1/12)} = 50 \text{ 分}$$

である．または，次のように得られる．

$$L_q = \frac{\rho^2}{1-\rho} = \frac{(5/6)^2}{1 - 5/6} = \frac{25}{6}, \quad W_q = \frac{1}{\lambda}L_q = 12 \times \frac{25}{6} = 50 \text{ 分}$$

4.3 $M/G/1$ モデルである．この問題では，サービス時間は $[5, 15]$ 上で一様分布しているので，

$$g(t) = \begin{cases} \dfrac{1}{10}, & 5 \leqq t \leqq 15 \\ 0, & \text{その他} \end{cases}$$

であるから，式 (4.6) より

$$b_2 = \int_5^{15} \frac{1}{10}t^2 dt = \left[\frac{1}{30}t^3\right]_5^{15} = \frac{325}{3}$$

であるので，式 (4.5) より次のようになる．

$$W_q = \frac{1/12 \times 325/3}{2(1 - 5/6)} = \frac{325}{12} \fallingdotseq 27.1 \text{ 分}$$

4.4 実際に待たされた客の平均待ち時間 $\widetilde{W}_q$ は，式 (4.21) より次のようになる．

$$\widetilde{W}_q = \frac{6}{5} \times 50 = 60 \text{ 分}$$

4.5 到着率は

$$\lambda = 3 \text{ 台/日}$$

で，サービス率は

$$\mu = 3\text{ 台}/\text{日}$$

である．よって，利用率は

$$\rho = \frac{\lambda}{\mu} = 1 = a$$

であるので，修理工は少なくとも 2 人必要である．よって，$M/M/s$ モデルの公式を適用する．

(i) 修理工が 2 人のとき，

$$\rho = \frac{\lambda}{2\mu} = \frac{a}{2} = \frac{1}{2} < 1 \quad (a = 1)$$

である．まず，式 (4.12) より，

$$P_0 = \frac{1}{1 + a + a^2/(2 - a)} = \frac{1}{3}$$

を求めると，式 (4.13) より，

$$L_q = \frac{a^3}{(2 - a)^2} P_0 = P_0 = \frac{1}{3}$$

であるので，平均系内数は

$$L = L_q + a = \frac{1}{3} + 1 = \frac{4}{3} > 1.2$$

である．よって，修理工は 2 人では不可能である．

(ii) 修理工が 3 人のとき，

$$\rho = \frac{a}{3} = \frac{1}{3} < 1 \quad (a = 1)$$

であるので，式 (4.12) より

$$P_0 = \frac{1}{1 + a + a^2/2! + a^3/\{2!(3 - a)\}} = \frac{4}{11}$$

であるので，式 (4.13) より

$$L_q = \frac{a^4}{2!(3 - a)^2} \times P_0 = \frac{1}{8} \times \frac{4}{11} = \frac{1}{22}$$

である．よって，平均系内数は

$$L = L_q + a = \frac{1}{22} + 1 = \frac{23}{22} < 1.2$$

であるので，修理工は 3 人でよい．

4.6 $M/G/2$ モデルで解析する．このとき，平均待ち時間 W_q は式 (4.18) より

$$W_q = \frac{1}{2}(1 + c^2) W_q \ (M/M/2)$$

で近似される．ここで，c はサービス時間分布の変動係数で，$W_q\ (M/M/2)$ は同じ到着

率，サービス率をもつ $M/M/2$ モデルでの平均待ち時間である．

$\lambda = 3,\ \mu = 3$ で $a = 1$ であるので，$W_q\ (M/M/2)$ は問題 4.5 の結果より

$$W_q\ (M/M/2) = \frac{1}{\lambda} L_q\ (M/M/2) = \frac{1}{3} \cdot \frac{1}{3} = \frac{1}{9}$$

である．サービス時間は $[1/6, 1/2]$ で一様分布しているので，確率密度関数は

$$g(t) = \begin{cases} 3, & \dfrac{1}{6} \leqq t \leqq \dfrac{1}{2} \\ 0, & \text{その他} \end{cases}$$

であり，平均サービス時間は $1/3$ であるので，サービス時間の分散は

$$\sigma^2 = \int_{1/6}^{1/2} 3\left(t - \frac{1}{3}\right)^2 dt = \left[\left(t - \frac{1}{3}\right)^3\right]_{1/6}^{1/2} = \frac{1}{3 \times 6^2}$$

である．ゆえに，変動係数は

$$c = \frac{1/(\sqrt{3} \times 6)}{1/3} = \frac{3}{\sqrt{3} \times 6} = \frac{1}{2\sqrt{3}}$$

であるので，

$$W_q = \frac{1}{2}\left(1 + \frac{1}{12}\right) \cdot \frac{1}{9} = \frac{13}{216}$$

を得る．よって，

$$L_q = \lambda W_q = 3 \times \frac{13}{216} = \frac{13}{72}$$

であるので，平均系内数は

$$L = L_q + a = \frac{13}{72} + 1 = 1.18 < 1.2$$

である．ゆえに，修理工は 2 人でよい．

4.7 到着率，サービス率は

$$\lambda = 3\,\text{台}/\text{日}, \quad \mu = 3\,\text{台}/\text{日}$$

であるので，

$$a = \frac{\lambda}{\mu} = 1$$

であるから，修理工は少なくとも 2 人必要である．

(i) 修理工 2 人のとき，

$$\rho = \frac{a}{2} = \frac{1}{2} < 1$$

であり，問題 4.5 の解答から $L = 4/3$ であるので，修理室に滞在する平均時間は

$$W = \frac{1}{\lambda} L = \frac{1}{3} \times \frac{4}{3} = \frac{4}{9} > \frac{2}{5}$$

であるので，修理工が 2 人では不可能である．

(ii) 修理工が 3 人のとき，

$$\rho = \frac{a}{3} = \frac{1}{3} < 1$$

であり，問題 4.5 の解答から $L = 23/22$ であるので，修理室への平均滞在時間は

$$W = \frac{1}{\lambda}L = \frac{1}{3} \times \frac{23}{22} = \frac{23}{66} \fallingdotseq 0.35 < \frac{2}{5}$$

であり，修理工は 3 人でよい．

5章

5.1 基本問題 5.2 の〈解説〉から，経済発注量 x_{opt} は

$$\sum_{y=0}^{x-1} p(y) \leqq \frac{a}{a+b} \leqq \sum_{y=0}^{x} p(y)$$

の解である．ここで，a は 1 個売れたときのもうけで，b は 1 個売れ残ったときの損失額で，また $p(y)$ は需要分布の確率関数である．また，基本問題 5.2 の〈解説〉から，分布関数 $F(x) = \sum_{y=0}^{x} p(y)$ は

$$F(0) = 0, \quad F(1) = 0, \quad F(2) = \frac{4}{100}, \quad F(3) = \frac{9}{100}, \quad F(4) = \frac{21}{100},$$
$$F(5) = \frac{41}{100}, \quad F(6) = \frac{70}{100}, \quad F(7) = \frac{88}{100}, \quad F(8) = \frac{98}{100}, \quad F(9) = 1$$

である．この問題では，$a = 350, b = 500$ であるので，

$$\frac{a}{a+b} = \frac{350}{850} \fallingdotseq \frac{41.2}{100}$$

であり，$F(x)$ が 41.2/100 をはじめて超える点は $x = 6$ であるので，経済発注量は

$$x_{\mathrm{opt}} = 6$$

である．ゆえに，浅尾君は弁当 3000 個を発注するともうけが最大になる．

5.2 a が 1 単位売れたときのもうけ，b が 1 単位売れ残ったときの損失額で，$f(y)$ が需要分布の確率密度関数のとき，経済発注量 x_{opt} は，

$$\int_0^x f(y)dy = \frac{a}{a+b}$$

の解である．例題 5.3 では，$a = 20, b = 30$ であるので，

$$\frac{a}{a+b} = \frac{20}{50} = \frac{2}{5}$$

である．ゆえに，

$$\int_{1000}^x f(y)dy = \frac{2}{5}$$

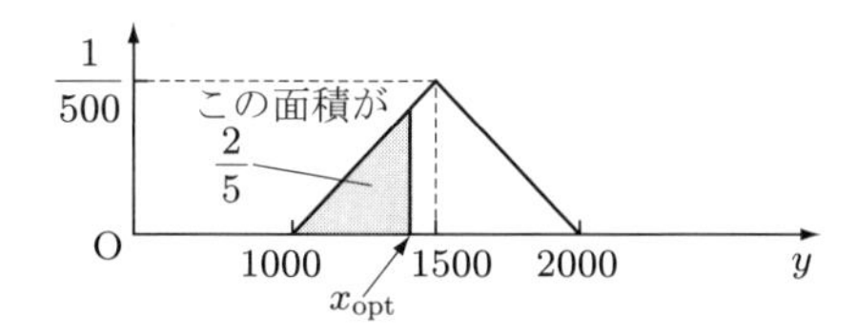

解図 5.1

解図 5.2

を満たす x を求めればよい．よって，解図 5.1 より x_{opt} が求められる．いま，解図 5.2 のように $x_{\mathrm{opt}} - 1000 = t$ とおいたとき，三角形の高さ h は

$$500 : t = \frac{1}{500} : h$$

の比例関係より求められる．よって，$h = t/(500)^2$ であるので，三角形の面積が 2/5 となる t は

$$\frac{1}{2} \times t \times \frac{t}{(500)^2} = \frac{t^2}{2(500)^2} = \frac{2}{5}$$

より求められ，$t = 200\sqrt{5}$ である．ゆえに，経済発注量は次のようになる．

$$x_{\mathrm{opt}} = 1000 + 200\sqrt{5} \fallingdotseq 1447$$

5.3 発注点は式 (5.18) で与えられている．$\alpha = 10\%$であるので，表 5.1 より $k(\alpha) = 1.28$ であり，$L = 4$ であるので，1 か月間の需要の平均 μ と標準偏差 σ をデータより推定すればよい．μ と σ の推定量は，式 (5.20), (5.21) で与えられているので，補助表を作成する（解表 5.1）．

よって，解表 5.1 より

$$\widehat{\mu} = \overline{x} = \frac{1600}{8} = 200$$

であり，$n = 8$ であるので，表 5.3 より $c_2^* = 0.965$ であるから，

$$\widehat{\sigma} = \frac{1}{0.965}\sqrt{\frac{2500}{7}} = 19.6$$

を得る．ゆえに，式 (5.18) より，発注点は次のようになる．

$$K = 200 \times 4 + 1.28 \times 19.6 \times \sqrt{4} \fallingdotseq 850$$

5.4 今回の発注量は，式 (5.23)〜(5.25) を用いて計算される．そのために，補助表を作成する（解表 5.2）．

補助表より

$$\widehat{\mu} = \overline{x} = \frac{4000}{8} = 500$$

であり，$n = 8$ であるので，表 5.3 より $c_2^* = 0.965$ であるから，

解表 5.1

i	x_i	$x_i-\bar{x}$	$(x_i-\bar{x})^2$
1	185	−15	225
2	170	−30	900
3	235	35	1225
4	200	0	0
5	195	−5	25
6	210	10	100
7	200	0	0
8	205	5	25
計	1600	0	2500

$\bar{x} = \dfrac{1600}{8} = 200$

解表 5.2

i	x_i	$x_i-\bar{x}$	$(x_i-\bar{x})^2$
1	520	20	400
2	475	−25	625
3	505	5	25
4	500	0	0
5	480	−20	400
6	495	−5	25
7	510	10	100
8	515	15	225
計	4000	0	1800

$\bar{x} = \dfrac{4000}{8} = 500$

$$\widehat{\sigma} = \frac{1}{0.965}\sqrt{\frac{1800}{7}} = 16.6$$

を得る．ゆえに，今回の発注量は次のようになる．

$$\begin{aligned}\text{発注量} &= 500 \times (2+2) + 1.65 \times \sqrt{2+2} \times 16.6 - (600+100)\\ &= 2000 + 54.78 - 700 = 1354.78\ \text{トン}\end{aligned}$$

6章

6.1 (1) 回帰式を求めるために補助表を作成する（解表 6.1）．
ゆえに，構造式

$$y_i = \alpha_1 + \beta_1 x_{1i} + \varepsilon_i$$

解表 6.1

i	x_{1i}	y_i	$x_{1i}-\bar{x}_1$	$(x_{1i}-\bar{x}_1)^2$	$y_i-\bar{y}$	$(y_i-\bar{y})^2$	$(x_{1i}-\bar{x}_1)(y_i-\bar{y})$
1	65	70	−2.5	6.25	1.5	2.25	−3.75
2	80	85	12.5	156.25	16.5	272.25	206.25
3	40	45	−27.5	756.25	−23.5	552.25	646.25
4	100	95	32.5	1056.25	26.5	702.25	861.25
5	60	65	−7.5	56.25	−3.5	12.25	26.25
6	45	50	−22.5	506.25	−18.5	342.25	416.25
7	65	70	−2.5	6.25	1.5	2.25	−3.75
8	50	45	−17.5	306.25	−23.5	552.25	411.25
9	75	70	7.5	56.25	1.5	2.25	11.25
10	95	90	27.5	756.25	21.5	462.25	591.25
計	675	685	0	3662.5	0	2902.5	3162.5

$\bar{y} = 68.5$

$\bar{x}_1 = 67.5$

に対して，係数 α_1, β_1 の最小 2 乗推定量は式 (6.18) より，

$$\widehat{\beta}_1 = \frac{S(x_1, y)}{S(x_1, x_1)} = \frac{3162.5}{3662.5} = 0.863$$

$$\widehat{\alpha}_1 = \overline{y} - \widehat{\beta}_1 \overline{x}_1 = 68.5 - 0.863 \times 67.5 = 10.25$$

であるので，求める回帰式は，式 (6.19) より次式である．

$$\widehat{y} = 10.25 + 0.863x_1$$

つぎに寄与率を求めよう．残差平方和は式 (6.20) より

$$S_e = S(y, y) - \widehat{\beta}_1 S(x_1, y) = 2902.5 - 0.863 \times 3162.5 = 173.3$$

であるので，寄与率は式 (6.23) より

$$R^2 = 1 - \frac{S_e}{S(y, y)} = 1 - \frac{173.3}{2902.5} = 0.940$$

すなわち 94%である．

(2) (1) では，理科の点数は数学の点数で 94%説明できたが，英語ではどのくらい説明できるかを計算してみよう．まず，補助表を作成する（解表 6.2）．

解表 6.2

i	x_{2i}	y_i	$x_{2i} - \bar{x}_2$	$(x_{2i} - \bar{x}_2)^2$	$y_i - \bar{y}$	$(y_i - \bar{y})^2$	$(x_{2i} - \bar{x}_2)(y_i - \bar{y})$
1	80	70	15.5	240.25	1.5	解表 6.1 で計算済み	23.25
2	75	85	10.5	110.25	16.5		173.25
3	45	45	−19.5	380.25	−23.5		458.25
4	60	95	−4.5	20.25	26.5		−119.25
5	95	65	30.5	930.25	−3.5		−106.75
6	35	50	−29.5	870.25	−18.5		545.75
7	55	70	−9.5	90.25	1.5		−14.25
8	65	45	0.5	0.25	−23.5		−11.75
9	45	70	−19.5	380.25	1.5		−29.25
10	90	90	25.5	650.25	21.5		548.25
計	645	685	0	3672.5	0	2902.5	1467.5

→ $\bar{y} = 68.5$

→ $\bar{x}_2 = 64.5$

ゆえに，構造式

$$y_i = \alpha_2 + \beta_2 x_{2i} + \varepsilon_i$$

に対して，係数 α_2, β_2 の最小 2 乗推定量は

$$\widehat{\beta}_2 = \frac{S(x_2, y)}{S(x_2, x_2)} = \frac{1467.5}{3672.5} = 0.400$$

$$\widehat{\alpha}_2 = \overline{y} - \widehat{\beta}_2 \overline{x}_2 = 68.5 - 0.400 \times 64.5 = 42.7$$

であるので，求める回帰式は

$$\widehat{y} = 42.7 + 0.400x_2$$

である．また，残差平方和は

$$S_e = S(y,y) - \widehat{\beta}_2 S(x_2, y) = 2902.5 - 0.400 \times 1467.5 = 2315.5$$

であるので，寄与率は

$$R^2 = 1 - \frac{S_e}{S(y,y)} = 1 - \frac{2315.5}{2902.5} = 0.202$$

すなわち20%である．以上より，理科の点数は数学の点数で94%説明できるが，英語の点数では20%しか説明できない．

6.2 (1) x に対する y の回帰モデルを

$$y_i = \alpha + \beta x_i + \varepsilon_i$$

とする．このとき，α, β の最小2乗推定量を求めるために補助表を作成する（解表6.3）．

解表 6.3

i	x_i	y_i	$x_i - \bar{x}$	$(x_i - \bar{x})^2$	$y_i - \bar{y}$	$(y_i - \bar{y})^2$	$(x_i - \bar{x})(y_i - \bar{y})$
1	527	211	16.5	272.25	9	81	148.5
2	532	212	21.5	462.25	10	100	215.0
3	521	210	10.5	110.25	8	64	84.0
4	490	198	−20.5	420.25	−4	16	82.0
5	500	196	−10.5	110.25	−6	36	63.0
6	492	196	−18.5	342.25	−6	36	111.0
7	495	196	−15.5	240.25	−6	36	93.0
8	503	198	−7.5	56.25	−4	16	30.0
9	514	202	3.5	12.25	0	0	0
10	531	201	20.5	420.25	−1	1	−20.5
計	5105	2020	0	2446.5	0	386	806.0

$\bar{y} = 202$

$\bar{x} = 510.5$

ゆえに，回帰係数は

$$\widehat{\beta} = \frac{S(x,y)}{S(x,x)} = \frac{806.0}{2446.5} = 0.329$$

$$\widehat{\alpha} = \bar{y} - \widehat{\beta}\,\bar{x} = 202 - 0.329 \times 510.5 = 34.0$$

であるので，求める回帰式は次式である．

$$\widehat{y} = 34.0 + 0.329x$$

寄与率のために残差平方和を求めると，

$$S_e = S(y,y) - \widehat{\beta} S(x,y) = 386 - 0.329 \times 806.0 = 120.8$$

であるので，寄与率は

$$R^2 = 1 - \frac{S_e}{S(y,y)} = 1 - \frac{120.8}{386} = 0.687$$

である．よって，百貨店とスーパーの売上高は国内総生産で 68.7%説明できる．
(2) まず，予測値は

$$\widehat{y}_0 = 34.0 + 0.329 \times 550 = 215.0$$

である．また，予測区間を求めるには，回帰モデルの誤差項 ε_i の分散 σ^2 の推定量 V_e が必要である．ところで，

$$V_e = \frac{S_e}{n-2} = \frac{120.8}{10-2} = 15.1$$

であるので，予測区間は

$$\widehat{y}_0 \pm t(n-2; 0.05)\sqrt{\left\{1 + \frac{1}{n} + \frac{(x_0 - \overline{x})^2}{S(x,x)}\right\} V_e}$$

で与えられる．よって，予測区間は

$$215.0 \pm t(8; 0.05)\sqrt{\left\{1 + \frac{1}{10} + \frac{(550 - 510.5)^2}{2446.5}\right\} \times 15.1}$$
$$= 215.0 \pm 2.306 \times 5.123 = 215.0 \pm 11.8$$

であるので，GDP が 550 のときには，百貨店とスーパーの年間売上高は，信頼度 95%で

(203.3, 226.8)（単位：1000 億円）

の区間に入る．

6.3 経営施策・方針の浸透 (x_1)，職場内教育 (x_2) と労働生産性 (y) に関する補助表を作成する（解表 6.4）．

式 (6.26) から

$$\widehat{\beta}_1 = \frac{0.3148 \times 43.767 - 0.3100 \times 15.665}{1.0510 \times 0.3148 - (0.3100)^2} = 38.004$$
$$\widehat{\beta}_2 = \frac{-0.3100 \times 43.767 + 1.0510 \times 15.665}{1.0510 \times 0.3148 - (0.3100)^2} = 12.337$$
$$\widehat{\beta}_0 = 17.9 - (38.004 \times 3.17 + 12.337 \times 3.20) = -142.051$$

であるので，求める回帰式は次のようになる．

$$\widehat{y} = -142.051 + 38.004x_1 + 12.337x_2$$

また，残差平方和 S_e は式 (6.28) より

$$S_e = 2152.14 - (38.004 \times 43.767 + 12.337 \times 15.665) = 295.56$$

であるので，寄与率は式 (6.29) より次のようになる．

解表 6.4

i	x_{1i}	x_{2i}	y_i	$x_{1i}-\bar{x}_1$	$(x_{1i}-\bar{x}_1)^2$	$x_{2i}-\bar{x}_2$	$(x_{2i}-\bar{x}_2)^2$	$(x_{1i}-\bar{x}_1)\times(x_{2i}-\bar{x}_2)$	$y_i-\bar{y}$	$(y_i-\bar{y})^2$	$(x_{1i}-\bar{x}_1)\times(y_i-\bar{y})$	$(x_{2i}-\bar{x}_2)\times(y_i-\bar{y})$
1	3.90	3.48	56.0	0.73	0.5329	0.28	0.0784	0.2044	38.1	1451.61	27.813	10.668
2	3.50	3.38	34.0	0.33	0.1089	0.18	0.0324	0.0594	16.1	259.21	5.313	2.898
3	3.33	2.90	14.8	0.16	0.0256	−0.30	0.0900	−0.0480	−3.1	9.61	−0.496	0.930
4	3.16	3.05	14.7	−0.01	0.0001	−0.15	0.0225	0.0015	−3.2	10.24	0.032	0.480
5	2.95	3.03	12.3	−0.22	0.0484	−0.17	0.0289	0.0374	−5.6	31.36	1.232	0.952
6	3.00	3.24	11.8	−0.17	0.0286	0.04	0.0016	−0.0068	−6.1	37.21	1.037	−0.244
7	2.97	3.28	11.7	−0.20	0.0400	0.08	0.0064	−0.0160	−6.2	38.44	1.240	−0.496
8	3.26	3.40	11.0	0.09	0.0081	0.20	0.0400	0.0180	−6.9	47.61	−0.621	−1.380
9	2.87	3.15	6.5	−0.30	0.0900	−0.05	0.0025	0.0150	−11.4	129.96	3.420	0.570
10	2.76	3.09	6.2	−0.41	0.1681	−0.11	0.0121	0.0451	−11.7	136.89	4.797	1.287
計	31.7	32.0	179.0	0	1.0510	0	0.3148	0.3100	0	2152.14	43.767	15.665

$\bar{x}_1 = 3.17$, $\bar{x}_2 = 3.20$, $\bar{y} = 17.9$

$$R^2 = 1 - \frac{295.56}{2152.14} = 0.863$$

7章

7.1 最適方策を求めるためには，利得行列の鞍点を求めればよい．そのために，各行の最小値を求めると，2, 4, 1 であるので，この中の最大値 4 のところに，解表 7.1 のように□をつける．また，各列の最大値は，8, 4, 6 であるので，この中の最小値 4 のところに○をつける．ゆえに，鞍点が存在し，最適方策は (II,II) でそのときのゲームの値は 4 である．すなわち，A が II の手，B が II の手をとることでゲームが成立し，このとき A は B から 4 万円を受け取る．

解表 7.1

A＼B	I	II	III
I	2	3	6
II	7	[④]	5
III	8	2	1

7.2 この問題では

$$\max_i \left(\min_j a_{ij} \right) = \max(3,2,1) = 3$$
$$\min_j \left(\max_i a_{ij} \right) = \min(7,8,6) = 6$$

であるので，この利得行列には鞍点が存在しないで，純粋方策ではゲームは決着しない．そこで混合方策を考える．A の混合方策を $\boldsymbol{x}^o = (x_1, x_2, x_3)$，B の混合方策を $\boldsymbol{y}^o = (y_1, y_2, y_3)$ とする．ここで，

$$x_1 + x_2 + x_3 = 1, \quad x_1 \geqq 0, \quad x_2 \geqq 0, \quad x_3 \geqq 0$$
$$y_1 + y_2 + y_3 = 1, \quad y_1 \geqq 0, \quad y_2 \geqq 0, \quad y_3 \geqq 0$$

である．式 (7.3) を用いて，最適混合方策を求める．$E(\boldsymbol{x}^o, \boldsymbol{y}^o) = w$ とおくと，式 (7.3) より

$$E(\boldsymbol{x}^o, \boldsymbol{e}_1) \geqq w$$
$$E(\boldsymbol{x}^o, \boldsymbol{e}_2) \geqq w$$
$$E(\boldsymbol{x}^o, \boldsymbol{e}_3) \geqq w$$

が成立し，これを具体的に表現すると，

$$3x_1 + 5x_2 + 7x_3 \geqq w$$
$$6x_1 + 2x_2 + 8x_3 \geqq w$$
$$5x_1 + 6x_2 + x_3 \geqq w$$
$$x_1 + x_2 + x_3 = 1$$
$$x_1 \geqq 0, \quad x_2 \geqq 0, \quad x_3 \geqq 0$$

であり，w を最大化する点を求めればよい．このとき，$u_i = x_i/w$ とおくと，

$$3u_1 + 5u_2 + 7u_3 \geqq 1$$
$$6u_1 + 2u_2 + 8u_3 \geqq 1$$
$$5u_1 + 6u_2 + u_3 \geqq 1$$
$$u_1 + u_2 + u_3 = \frac{1}{w}$$

であるので，$\sum_{i=1}^{3} u_i$ を最小化すればよいので，つぎの線形計画問題を得る．

〈問題–I〉

$$u_1 + u_2 + u_3 \longrightarrow \text{最小化}$$

$$\begin{aligned} \text{制約条件：} & 3u_1 + 5u_2 + 7u_3 \geqq 1 \\ & 6u_1 + 2u_2 + 8u_3 \geqq 1 \\ & 5u_1 + 6u_2 + u_3 \geqq 1 \\ & u_1 \geqq 0, \quad u_2 \geqq 0, \quad u_3 \geqq 0 \end{aligned}$$

この解より，最適混合方策 $\boldsymbol{x}^o$ が求められる．

つぎに，式 (7.3) より B の混合方策 $\boldsymbol{y}^o$ を求めよう．式 (7.3) より

$$E(\boldsymbol{e}_1, \boldsymbol{y}^o) \leqq w$$
$$E(\boldsymbol{e}_2, \boldsymbol{y}^o) \leqq w$$
$$E(\boldsymbol{e}_3, \boldsymbol{y}^o) \leqq w$$

であるので，これを具体的に表現すると

$$
\begin{aligned}
3y_1 + 6y_2 + 5y_3 &\leqq w \\
5y_1 + 2y_2 + 6y_3 &\leqq w \\
7y_1 + 8y_2 + y_3 &\leqq w \\
y_1 + y_2 + y_3 &= 1 \\
y_1 \geqq 0, \quad y_2 \geqq 0, \quad y_3 &\geqq 0
\end{aligned}
$$

であり，w を最小化する点を求める．ここで，$t_i = y_i/w$ とおくと

$$
\begin{aligned}
3t_1 + 6t_2 + 5t_3 &\leqq 1 \\
5t_1 + 2t_2 + 6t_3 &\leqq 1 \\
7t_1 + 8t_2 + t_3 &\leqq 1 \\
t_1 + t_2 + t_3 &= \frac{1}{w}
\end{aligned}
$$

であるから，$\sum_{i=1}^{3} t_i$ を最大化すればよいので，つぎの線形計画問題を得る．

〈問題–II〉

$$
t_1 + t_2 + t_3 \longrightarrow \text{最大化}
$$

$$
\text{制約条件：}\begin{aligned}[t]
&3t_1 + 6t_2 + 5t_3 \leqq 1 \\
&5t_1 + 2t_2 + 6t_3 \leqq 1 \\
&7t_1 + 8t_2 + t_3 \leqq 1 \\
&t_1 \geqq 0, \quad t_2 \geqq 0, \quad t_3 \geqq 0
\end{aligned}
$$

この解より，最適混合方策 $\boldsymbol{y}^o$ が求められる．

〈問題–II〉の双対問題は〈問題–I〉であるので，〈問題–II〉をシンプレックス法で解けば，〈問題–II〉の最適解が求められる．さらに，双対問題である〈問題–I〉の最適解は，シンプレックス表の最後のステップの z_j の欄の最初の基底変数に対応する部分で与えられる．

〈問題–II〉にスラック変数 t_4, t_5, t_6 を導入すると，

$$
t_1 + t_2 + t_3 \longrightarrow \text{最大化}
$$

$$
\text{制約条件：}\begin{aligned}[t]
&3t_1 + 6t_2 + 5t_3 + t_4 = 1 \\
&5t_1 + 2t_2 + 6t_3 + t_5 = 1 \\
&7t_1 + 8t_2 + t_3 + t_6 = 1 \\
&t_1 \geqq 0, \quad \ldots, \quad t_6 \geqq 0
\end{aligned}
$$

となり，制約条件式の係数行列の中に単位行列が含まれているので，シンプレックス法をスタートする（解表 7.2）．

ゆえに，$1/w = 23/107$ であるので，ゲームの値は

$$
E(\boldsymbol{x}^o, \boldsymbol{y}^o) = w = \frac{107}{23}
$$

であり，B の最適混合方策は

解表 7.2

		$c_j \rightarrow$	1	1	1	0	0	0	
c_i	基底変数	定数項	t_1	t_2	t_3	t_4	t_5	t_6	θ
0	t_4	1	3	6	5	1	0	0	1/5
0	t_5	1	5	2	⑥	0	1	0	(1/6)
0	t_6	1	7	8	1	0	0	1	1
z_j		0	0	0	0	0	0	0	
c_j-z_j			1	1	①	1	1	1	
0	t_4	1/6	$-7/6$	(13/3)	0	1	$-5/6$	0	(1/26)
1	t_3	1/6	5/6	1/3	1	0	1/6	0	1/2
0	t_6	5/6	37/6	23/3	0	0	$-1/6$	1	5/46
z_j		1/6	5/6	1/3	1	0	1/6	0	
c_j-z_j			1/6	(2/3)	0	0	$-1/6$	0	
1	t_2	1/26	$-7/26$	1	0	3/13	$-5/26$	0	∞
1	t_3	2/13	12/13	0	1	$-1/13$	3/13	0	1/6
0	t_6	7/13	(107/13)	0	0	$-23/13$	17/13	1	(7/107)
z_j		5/26	17/26	1	1	2/13	$-4/39$	0	
c_j-z_j			(9/26)	0	0	$-2/13$	4/39	0	
1	t_2	6/107	0	1	0	37/214	$-16/107$	7/214	
1	t_3	10/107	0	0	1	13/107	9/107	$-12/107$	
1	t_1	7/107	1	0	0	$-23/107$	17/107	13/107	
z_j		23/107	1	1	1	17/214	10/107	9/214	
c_j-z_j			0	0	0	$-17/214$	$-10/107$	$-9/214$	

$$\boldsymbol{y}^o = \frac{107}{23}\begin{pmatrix} 7/107 \\ 6/107 \\ 10/107 \end{pmatrix} = \begin{pmatrix} 7/23 \\ 6/23 \\ 10/23 \end{pmatrix}$$

である．また，A の最適混合方策は，〈問題–I〉の最適解がシンプレックス表の最後のステップの z_j の欄の最初の基底変数 t_4, t_5, t_6 に対する部分であるので，$(u_1, u_2, u_3) = (17/214, 10/107, 9/214)$ であり，次のようになる．

$$\boldsymbol{x}^o = \frac{107}{23}\begin{pmatrix} 17/214 \\ 20/214 \\ 9/214 \end{pmatrix} = \begin{pmatrix} 17/46 \\ 20/46 \\ 9/46 \end{pmatrix}$$

8 章

8.1 各案の中からいくつ採決してもよいので，独立案からの選択である．よって，現価法，終価法，年価法と報収率による解法が適用可能であるので，すべての解法で解答を与える．

現価法：A, B, C 案の正味現価を P_{A}, P_{B}, P_{C} とおくと，

$$P_{\mathrm{A}} = 42.7[M \to P]_{10}^{3\%} - 300 = 42.7 \times 8.530 - 300 = 64.2\,\text{万円}$$

$$P_{\mathrm{B}} = 90.7[M \to P]_{10}^{3\%} - 700 = 90.7 \times 8.530 - 700 = 73.7\,\text{万円}$$

$$P_{\mathrm{C}} = 105.6[M \to P]_{10}^{3\%} - 1000 = 105.6 \times 8.530 - 1000 = -99.2\,\text{万円}$$

であるので，勝俣君は A 案，B 案に投資し，残りの 1000 万円は定期預金にすればよい．

終価法：A, B, C 案の正味終価を S_{A}, S_{B}, S_{C} とすると，

$$\begin{aligned} S_{\mathrm{A}} &= 42.7[M \to S]_{10}^{3\%} - 300[P \to S]_{10}^{3\%} \\ &= 42.7 \times 11.464 - 300 \times 1.344 = 86.3\,\text{万円} \end{aligned}$$

$$\begin{aligned} S_{\mathrm{B}} &= 90.7[M \to S]_{10}^{3\%} - 700[P \to S]_{10}^{3\%} \\ &= 90.7 \times 11.464 - 700 \times 1.344 = 99.0\,\text{万円} \end{aligned}$$

$$\begin{aligned} S_{\mathrm{C}} &= 105.6[M \to S]_{10}^{3\%} - 1000[P \to S]_{10}^{3\%} \\ &= 105.6 \times 11.464 - 1000 \times 1.344 = -133.4\,\text{万円} \end{aligned}$$

であるので，A 案，B 案に投資し，残り 1000 万円は定期預金にすればよい．

年価法：各案の正味年価は

$$M_{\mathrm{A}} = 42.7 - 300[P \to M]_{10}^{3\%} = 42.7 - 300 \times 0.117 = 7.6\,\text{万円}$$

$$M_{\mathrm{B}} = 90.7 - 700[P \to M]_{10}^{3\%} = 90.7 - 700 \times 0.117 = 8.8\,\text{万円}$$

$$M_{\mathrm{C}} = 105.6 - 1000[P \to M]_{10}^{3\%} = 105.6 - 1000 \times 0.117 = -11.4\,\text{万円}$$

であるので，A 案，B 案に投資し，残り 1000 万円は定期預金にする．

報収率による解法：独立案からの選択の場合には，報収率が定期預金の年利率 3%より高い案をすべて採用する．

A 案の報収率 r_{A} は

$$300[P \to M]_{10}^{r_{\mathrm{A}}} = 42.7 \quad \text{または} \quad 42.7[M \to P]_{10}^{r_{\mathrm{A}}} = 300$$

すなわち，

$$[P \to M]_{10}^{r_{\mathrm{A}}} = \frac{42.7}{300} = 0.142 \quad \text{または} \quad [M \to P]_{10}^{r_{\mathrm{A}}} = \frac{300}{42.7} = 7.026$$

の解であるので，付表 3 より $r_{\mathrm{A}} = 7\%$を得る．同様にして，B 案，C 案の報収率は

$$[P \to M]_{10}^{r_{\mathrm{B}}} = \frac{90.7}{700} = 0.130, \quad [P \to M]_{10}^{r_{\mathrm{C}}} = \frac{105.6}{1000} = 0.1056$$

の解であるので，付表 3 より

$$r_{\mathrm{B}} = 5\%, \quad r_{\mathrm{C}} = 1\%$$

である．よって，定期預金の年利率 3%より高い案，A 案，B 案に投資し，残りは定期預金にする．

8.2 排反案からの選択であるので，現価法，終価法，年価法と追加報収率による解法が適用

可能であるから，すべての解法で解答を与える．

現価法：問題の表 8.4 を整理すると，解表 8.1 のようになる．報収は収益から操業費用を引いた額である．

解表 8.1

機種	初期投資	報収/年
A	1500	250
B	2000	320
C	3000	450

（単位：万円）

各案の正味現価を P_{A}, P_{B}, P_{C} とすると，

$$P_{\mathrm{A}} = 250[M \to P]_8^{5\%} - 1500 = 250 \times 6.463 - 1500 = 115.8\,\text{万円}$$

$$P_{\mathrm{B}} = 320[M \to P]_8^{5\%} - 2000 = 320 \times 6.463 - 2000 = 68.2\,\text{万円}$$

$$P_{\mathrm{C}} = 450[M \to P]_8^{5\%} - 3000 = 450 \times 6.463 - 3000 = -91.7\,\text{万円}$$

であるので，池田工業では A 機種で OA 化を実施すればよい．

終価法：各案の正味終価は，

$$S_{\mathrm{A}} = 250[M \to S]_8^{5\%} - 1500[P \to S]_8^{5\%}$$
$$= 250 \times 9.549 - 1500 \times 1.477 = 171.8\,\text{万円}$$

$$S_{\mathrm{B}} = 320[M \to S]_8^{5\%} - 2000[P \to S]_8^{5\%}$$
$$= 320 \times 9.549 - 2000 \times 1.477 = 101.7\,\text{万円}$$

$$S_{\mathrm{C}} = 450[M \to S]_8^{5\%} - 3000[P \to S]_8^{5\%}$$
$$= 450 \times 9.549 - 3000 \times 1.477 = -134.0\,\text{万円}$$

であるので，A 機種で OA 化を実施する．

年価法：各案の正味年価は

$$M_{\mathrm{A}} = 250 - 1500[P \to M]_8^{5\%} = 250 - 1500 \times 0.1547 = 18.0\,\text{万円}$$

$$M_{\mathrm{B}} = 320 - 2000[P \to M]_8^{5\%} = 320 - 2000 \times 0.1547 = 10.6\,\text{万円}$$

$$M_{\mathrm{C}} = 450 - 3000[P \to M]_8^{5\%} = 450 - 3000 \times 0.1547 = -14.1\,\text{万円}$$

であるので，A 機種で OA 化する．

追加報収率による解法：A 案の報収率 r_{A} は，

$$1500[P \to M]_8^{r_{\mathrm{A}}} = 250$$

すなわち，

$$[P \to M]_8^{r_{\mathrm{A}}} = \frac{250}{1500} = 0.1667$$

の解であるので，付表 3 から $r_{\mathrm{A}} = 7\%$ である．ゆえに，1500 万円を年利率 5%で銀行から借りて A 機種で OA 化したほうが有利である．

さらに，500 万円を追加投資して B 機種にすると，追加報収が $320 - 250 = 70$ 万円となる．さらに，1000 万円を追加投資して C 機種にすると，追加報収が $450 - 320 = 130$ 万円となる．これを表にすると，解表 8.2 になる．

解表 8.2

	追加投資	追加報収/年
A	1500	250
B′ (A → B)	500	70
C′ (B → C)	1000	130

（単位：万円）

A 機種から B 機種に変更するには，追加投資が 500 万円で，そのために追加報収が 70 万円であるので，B′ の報収率（これを追加報収率という）は

$$[P \to M]_8^{r_{\mathrm{B}'}} = \frac{70}{500} = 0.14$$

の解である．付表 3 から $r_{\mathrm{B}'} = 3\%$であり，これは銀行から資金を借りるときの年利率 5%より低いので，A 機種から B 機種への変更が不利であることがわかる．ゆえに，池田工業では，A 機種で OA 化するのが望ましい．

ここで必要はないが，C′ 案の報収率（追加報収率）を求めると，

$$[P \to M]_8^{r'_{\mathrm{C}}} = \frac{130}{1000} = 0.13$$

より，$r_{\mathrm{C}'} = 1\%$となる．

付表 1 現価係数 $[S \to P]_n^i ; \dfrac{1}{(1+i)^n}$

n \ i	1%	3%	5%	6%	7%	8%	10%
1	0.990 10	0.970 87	0.952 38	0.943 40	0.934 58	0.925 93	0.909 09
2	0.980 30	0.942 60	0.907 03	0.890 00	0.873 44	0.857 34	0.826 45
3	0.970 59	0.915 14	0.863 84	0.839 62	0.816 30	0.793 83	0.751 31
4	0.960 98	0.888 49	0.822 70	0.792 09	0.762 90	0.735 03	0.683 01
5	0.951 47	0.862 61	0.783 53	0.747 26	0.712 99	0.680 58	0.620 92
6	0.942 05	0.837 48	0.746 22	0.704 96	0.666 34	0.630 17	0.564 47
7	0.932 72	0.813 09	0.710 68	0.665 06	0.622 75	0.583 49	0.513 16
8	0.923 48	0.789 41	0.676 84	0.627 41	0.582 01	0.540 27	0.466 51
9	0.914 34	0.766 42	0.644 61	0.591 90	0.543 93	0.500 25	0.424 10
10	0.905 29	0.744 09	0.613 91	0.558 39	0.508 35	0.463 19	0.385 54
11	0.896 32	0.722 42	0.584 68	0.526 79	0.475 09	0.428 88	0.350 49
12	0.887 45	0.701 38	0.556 84	0.496 97	0.444 01	0.397 11	0.318 63
13	0.878 66	0.680 95	0.530 32	0.468 84	0.414 96	0.367 70	0.289 66
14	0.869 96	0.661 12	0.505 07	0.442 30	0.387 82	0.340 46	0.263 33
15	0.861 35	0.641 86	0.481 02	0.417 27	0.362 45	0.315 24	0.239 39
16	0.852 82	0.623 17	0.458 11	0.393 65	0.338 73	0.291 89	0.217 63
17	0.844 38	0.605 02	0.436 30	0.371 36	0.316 57	0.270 27	0.197 84
18	0.836 02	0.587 39	0.415 52	0.350 34	0.295 86	0.250 25	0.179 86
19	0.827 74	0.570 29	0.395 73	0.330 51	0.276 51	0.231 71	0.163 51
20	0.819 54	0.553 68	0.376 89	0.311 80	0.258 42	0.214 55	0.148 64
25	0.779 77	0.477 61	0.295 30	0.233 00	0.184 25	0.146 02	0.092 30
30	0.741 92	0.411 99	0.231 38	0.174 11	0.131 37	0.099 38	0.057 31

付表 2 終価係数 $[P \to S]_n^i ; (1+i)^n$

n \ i	3%	4%	5%	6%	7%	8%	10%
1	1.030 00	1.040 00	1.050 00	1.060 00	1.070 00	1.080 00	1.100 00
2	1.060 90	1.081 60	1.102 50	1.123 60	1.144 90	1.166 40	1.210 00
3	1.092 73	1.124 86	1.157 62	1.191 02	1.225 04	1.259 71	1.331 00
4	1.125 51	1.169 86	1.215 51	1.262 48	1.310 80	1.360 49	1.464 10
5	1.159 27	1.216 65	1.276 28	1.338 23	1.402 55	1.469 33	1.610 51
6	1.194 05	1.265 32	1.340 10	1.418 52	1.500 73	1.586 87	1.771 56
7	1.229 87	1.315 93	1.407 10	1.503 63	1.605 78	1.713 82	1.948 72
8	1.266 77	1.368 57	1.477 46	1.593 85	1.718 19	1.850 93	2.143 59
9	1.304 77	1.423 31	1.551 33	1.689 48	1.838 46	1.999 00	2.357 95
10	1.343 92	1.480 24	1.628 89	1.790 85	1.967 15	2.158 92	2.593 74
11	1.384 23	1.539 45	1.710 34	1.898 30	2.104 85	2.331 64	2.853 12
12	1.425 76	1.601 03	1.795 86	2.012 20	2.252 19	2.518 17	3.138 43
13	1.468 53	1.665 07	1.885 65	2.132 93	2.409 84	2.719 62	3.452 27
14	1.512 59	1.731 68	1.979 93	2.260 90	2.578 53	2.937 19	3.797 50
15	1.557 97	1.800 94	2.078 93	2.396 56	2.759 03	3.172 17	4.177 25
16	1.604 71	1.872 98	2.182 87	2.540 35	2.952 16	3.425 94	4.594 97
17	1.652 85	1.947 90	2.292 02	2.692 77	3.158 82	3.700 02	5.054 47
18	1.702 43	2.025 82	2.406 62	2.854 34	3.379 93	3.996 02	5.559 92
19	1.753 51	2.106 85	2.526 95	3.025 60	3.616 53	4.315 70	6.115 91
20	1.806 11	2.191 12	2.653 30	3.207 14	3.869 68	4.660 96	6.727 50
25	2.093 78	2.665 84	3.386 35	4.291 87	5.427 43	6.848 48	10.834 71
30	2.427 26	3.243 40	4.321 94	5.743 49	7.612 26	10.062 66	17.449 40

付表 3　資本回収係数　$[P \to M]_n^i; \dfrac{i(1+i)^n}{(1+i)^n - 1}$

n \ i	1%	3%	5%	6%	7%	8%	10%
1	1.010 00	1.030 00	1.050 00	1.060 00	1.070 00	1.080 00	1.100 00
2	0.507 51	0.522 61	0.537 80	0.545 44	0.553 09	0.560 77	0.576 19
3	0.340 02	0.353 53	0.367 21	0.374 11	0.381 05	0.388 03	0.402 11
4	0.256 28	0.269 03	0.282 01	0.288 59	0.295 23	0.301 92	0.315 47
5	0.206 04	0.218 35	0.230 97	0.237 40	0.243 89	0.250 46	0.263 80
6	0.172 55	0.184 60	0.197 02	0.203 36	0.209 80	0.216 32	0.229 61
7	0.148 63	0.160 51	0.172 82	0.179 14	0.185 55	0.192 07	0.205 41
8	0.130 69	0.142 46	0.154 72	0.161 04	0.167 47	0.174 01	0.187 44
9	0.116 74	0.128 43	0.140 69	0.147 02	0.153 49	0.160 08	0.173 64
10	0.105 58	0.117 23	0.129 50	0.135 87	0.142 38	0.149 03	0.162 75
11	0.096 45	0.108 08	0.120 39	0.126 79	0.133 36	0.140 08	0.153 96
12	0.088 85	0.100 46	0.112 83	0.119 28	0.125 90	0.132 70	0.146 76
13	0.082 41	0.094 03	0.106 46	0.112 96	0.119 65	0.126 52	0.140 78
14	0.076 90	0.088 53	0.101 02	0.107 58	0.114 34	0.121 30	0.135 75
15	0.072 12	0.083 77	0.096 34	0.102 96	0.109 79	0.116 83	0.131 47
16	0.067 94	0.079 61	0.092 27	0.098 95	0.105 86	0.112 98	0.127 82
17	0.064 26	0.075 95	0.088 70	0.095 44	0.102 43	0.109 63	0.124 66
18	0.060 98	0.072 71	0.085 55	0.092 36	0.099 41	0.106 70	0.121 93
19	0.058 05	0.069 81	0.082 75	0.089 62	0.096 75	0.104 13	0.119 55
20	0.055 42	0.067 22	0.080 24	0.087 18	0.094 39	0.101 85	0.117 46
25	0.045 41	0.057 43	0.070 95	0.078 23	0.085 81	0.093 68	0.110 17
30	0.038 75	0.051 02	0.065 05	0.072 65	0.080 59	0.088 83	0.106 08

付表 4　年金現価係数　$[M \to P]_n^i; \dfrac{(1+i)^n - 1}{i(1+i)^n}$

n \ i	3%	5%	6%	7%	8%	10%
1	0.970 87	0.952 38	0.943 40	0.934 58	0.925 93	0.909 09
2	1.913 47	1.859 41	1.833 39	1.808 02	1.783 26	1.735 54
3	2.828 61	2.723 25	2.673 01	2.624 32	2.577 10	2.486 85
4	3.717 10	3.545 95	3.465 11	3.387 21	3.312 13	3.169 87
5	4.579 71	4.329 48	4.212 36	4.100 20	3.992 71	3.790 79
6	5.417 19	5.075 69	4.917 32	4.766 54	4.622 88	4.355 26
7	6.230 28	5.786 37	5.582 38	5.389 29	5.206 37	4.868 42
8	7.019 69	6.463 21	6.209 79	5.971 30	5.746 64	5.334 93
9	7.786 11	7.107 82	6.801 69	6.515 23	6.246 89	5.759 02
10	8.530 20	7.721 73	7.360 09	7.023 58	6.710 08	6.144 57
11	9.252 62	8.306 41	7.886 87	7.498 67	7.138 96	6.495 06
12	9.954 00	8.863 25	8.383 84	7.942 69	7.536 08	6.813 69
13	10.634 96	9.393 57	8.852 68	8.357 65	7.903 78	7.103 36
14	11.296 07	9.898 64	9.294 98	8.745 47	8.244 24	7.366 69
15	11.937 94	10.379 66	9.712 25	9.107 91	8.559 48	7.606 08
16	12.561 10	10.837 77	10.105 90	9.446 65	8.851 37	7.823 71
17	13.166 12	11.274 07	10.477 26	9.763 22	9.121 64	8.021 55
18	13.753 51	11.689 59	10.827 60	10.059 09	9.371 89	8.201 41
19	14.323 80	12.085 32	11.158 12	10.335 60	9.603 60	8.364 92
20	14.877 47	12.462 21	11.469 92	10.594 01	9.818 15	8.513 56
25	17.413 15	14.093 94	12.783 36	11.653 58	10.674 78	9.077 04
30	19.600 44	15.372 45	13.764 83	12.409 04	11.257 78	9.426 91

付表 5 減債基金係数 $[S \to M]_n^i;\ \dfrac{i}{(1+i)^n - 1}$

n \ i	3%	5%	6%	7%	8%	10%
1	1.000 00	1.000 00	1.000 00	1.000 00	1.000 00	1.000 00
2	0.492 61	0.487 80	0.485 44	0.483 09	0.480 77	0.476 19
3	0.323 53	0.317 21	0.314 11	0.311 05	0.308 03	0.302 11
4	0.239 03	0.232 01	0.228 59	0.225 23	0.221 92	0.215 47
5	0.188 35	0.180 97	0.177 40	0.173 89	0.170 46	0.163 80
6	0.154 60	0.147 02	0.143 36	0.139 80	0.136 32	0.129 61
7	0.130 51	0.122 82	0.119 14	0.115 55	0.112 07	0.105 41
8	0.112 46	0.104 72	0.101 04	0.097 47	0.094 01	0.087 44
9	0.098 43	0.090 66	0.087 02	0.083 49	0.080 08	0.073 64
10	0.087 23	0.079 50	0.075 87	0.072 38	0.069 03	0.062 75
11	0.078 08	0.070 39	0.066 79	0.063 36	0.060 08	0.053 96
12	0.070 46	0.062 83	0.059 28	0.055 90	0.052 70	0.046 76
13	0.064 03	0.056 46	0.052 96	0.049 65	0.046 52	0.040 78
14	0.058 53	0.051 02	0.047 58	0.044 34	0.041 30	0.035 75
15	0.053 77	0.046 34	0.042 96	0.039 79	0.036 83	0.031 47
16	0.049 61	0.042 27	0.038 95	0.035 86	0.032 98	0.027 82
17	0.045 95	0.038 70	0.035 44	0.032 43	0.029 63	0.024 66
18	0.042 71	0.035 55	0.032 36	0.029 41	0.026 70	0.021 93
19	0.039 81	0.032 75	0.029 62	0.026 75	0.024 13	0.019 55
20	0.037 22	0.030 24	0.027 18	0.024 39	0.021 85	0.017 46
21	0.034 87	0.028 00	0.025 00	0.022 29	0.019 83	0.015 62
22	0.032 75	0.025 97	0.023 05	0.020 41	0.018 03	0.014 01
23	0.030 81	0.024 14	0.021 28	0.018 71	0.016 42	0.012 57
24	0.029 05	0.022 47	0.019 68	0.017 19	0.014 98	0.011 30
25	0.027 43	0.020 95	0.018 23	0.015 81	0.013 66	0.010 17
30	0.021 02	0.015 05	0.012 65	0.010 59	0.008 83	0.006 08

付表 6　年金終価係数　$[M \to S]_n^i ; \dfrac{(1+i)^n - 1}{i}$

n \ i	3%	5%	6%	7%	8%	10%
1	1.000 00	1.000 00	1.000 00	1.000 00	1.000 00	1.000 00
2	2.030 00	2.050 00	2.060 00	2.070 00	2.080 00	2.100 00
3	3.090 90	3.152 50	3.183 60	3.214 90	3.246 40	3.310 00
4	4.183 63	4.310 12	4.374 62	4.439 94	4.506 11	4.641 00
5	5.309 14	5.525 63	5.637 09	5.750 74	5.866 60	6.105 10
6	6.468 41	6.801 91	6.975 32	7.153 29	7.335 93	7.715 61
7	7.662 46	8.142 01	8.393 84	8.654 02	8.922 80	9.487 17
8	8.892 34	9.549 11	9.897 47	10.259 80	10.636 63	11.435 89
9	10.159 11	11.026 56	11.491 32	11.977 99	12.487 56	13.579 48
10	11.463 88	12.577 89	13.180 79	13.816 45	14.486 56	15.937 42
11	12.807 80	14.206 79	14.971 64	15.783 60	16.645 49	18.531 17
12	14.192 03	15.917 13	16.869 94	17.888 45	18.977 13	21.384 28
13	15.617 79	17.712 98	18.882 14	20.140 64	21.495 30	24.522 71
14	17.086 32	19.598 63	21.015 07	22.550 49	24.214 92	27.974 98
15	18.598 91	21.578 56	23.275 97	25.129 02	27.152 11	31.772 48
16	20.156 88	23.657 49	25.672 53	27.888 05	30.324 28	35.949 73
17	21.761 59	25.840 37	28.212 88	30.840 22	33.750 23	40.544 70
18	23.414 44	28.132 38	30.905 65	33.999 03	37.450 24	45.599 17
19	25.116 87	30.539 00	33.759 99	37.378 96	41.446 26	51.159 09
20	26.870 37	33.065 95	36.785 59	40.995 49	45.761 96	57.275 00
25	36.459 26	47.727 10	54.864 51	63.249 04	73.105 94	98.347 06
30	47.575 42	66.438 85	79.058 19	94.460 79	133.283 21	164.494 02

付表 7　t-分布表　$t(\phi, P)$

（自由度 ϕ と両側確率 P とから t を求める表）

ϕ \ P	0.100	0.050
1	6.314	12.706
2	2.920	4.303
3	2.353	3.182
4	2.132	2.776
5	2.015	2.571
6	1.943	2.447
7	1.895	2.365
8	1.860	2.306
9	1.833	2.262
10	1.812	2.228
11	1.796	2.201
12	1.782	2.179
13	1.771	2.160
14	1.761	2.145
15	1.753	2.131
16	1.746	2.120
17	1.740	2.110
18	1.734	2.101
19	1.729	2.093
20	1.725	2.086

参考文献

[1] 加藤豊，例解 AHP—基礎と応用—，ミネルヴァ書房，2013.

[2] Saaty, T. L.–Vargas, C. G., "Comparison of eigenvalues, logarithmic least squares and least squares methods in estimating ratios", *Mathematical Modelling*, Vol.5, 1984, pp.309–324.

[3] Kato, Y.–Ozawa, M. "The characteristics of the consistency function of the general mean method", *Proceedings of ISAHP'99*, 1999, pp.77–82.

索　引

著 者 略 歴

加藤　豊（かとう・ゆたか）
1975年　慶應義塾大学工学研究科博士課程修了
（管理工学専攻）
現　在　法政大学理工学部教授，工学博士

加藤　理（かとう・ただし）
2002年　慶應義塾大学文学研究科修士課程修了
（産業・組織心理学専攻）
現　在　（株）日本経営協会総合研究所主席研究員

編集担当　上村紗帆（森北出版）
編集責任　富井　晃（森北出版）
組　　版　中央印刷
印　　刷　　同
製　　本　ブックアート

例題でよくわかる
はじめてのオペレーションズ・リサーチ

2018年3月20日　第1版第1刷発行　

著　　者　加藤豊・加藤理
発 行 者　森北博巳
発 行 所　**森北出版株式会社**
東京都千代田区富士見1-4-11（〒102-0071）
電話 03-3265-8341／FAX 03-3264-8709
http://www.morikita.co.jp/
日本書籍出版協会・自然科学書協会　会員
JCOPY ＜(社)出版者著作権管理機構　委託出版物＞

落丁・乱丁本はお取替えいたします．

Printed in Japan／ISBN978-4-627-07811-6